엄마의 화코칭

엄마의 화 코칭

| 화내고 후회하는 엄마들을 위한 치유의 심리학 |

김지혜 지음

카시오페아
Cassiopeia

:
:
:

화를 알면 마음을 알 수 있습니다

    화는 우리 일상 곳곳에 있습니다. 얄미운 동생을 향하는 일곱 살 아들의 주먹에 담겨 있고, 회사에서 실적 때문에 깨지고 들어온 남편의 찡그린 얼굴에 깃들어 있으며, 고객에게 무례한 일을 당하고도 목구멍으로 꾹 삼켜야 하는 마트 계산원의 들리지 않는 목소리에도 있습니다. 화 없이 사는 사람이 어디 있을까요?

    아이 키울 때는 두말할 것도 없지요. 한밤중에 깨서 한없이 칭얼대는 아이에게 화가 나고, 한겨울에 여름옷 입고 가겠다는 아이에게 화가 납니다. 집이 온통 난장판인데 TV에 시선 고정인 남편에게도 화가 납니다. 시부모님이 도와주는 건 없으면서 이래라저래라 주문만 많을 때, 나한테는 모질게 했던 친정 부모님이 손주는 끔찍이 아낄 때, 화가 스멀스멀 올라옵니다. 화 없이 사는 엄마가 어디 있을까요?

이렇게 화날 일 천지인데 우리는 정작 화에 대해 잘 모릅니다. 화가 왜 나는지, 화가 날 때는 내는 게 좋은지 참는 게 좋은지, 아이의 화를 어디까지 받아주는 게 좋은지 등의 문제에 자신 있게 대답하는 사람은 극히 소수입니다. 중·고등학교 때 영어·수학은 배웠지만 감정에 대처하는 법은 배우지 못한 우리는, 화가 날 때마다 혼란스럽습니다.

세상에서 가장 사랑하는 아이에게 거칠게 화를 내는 자신이 싫으신가요? 화내지 말아야지 굳게 다짐하지만 또 다시 화를 내고 마는 자신이 이해가 안되나요? 왈칵 쏟아진 화에 아이가 상처받았을까 봐 안쓰럽고 죄책감이 드시나요? 답답한 상황에서도 화 안 내고 조곤조곤 설명해주는 이웃 엄마가 부러우신가요?

화를 잘 표현하고 싶고, 화가 안 났으면 좋겠고, 화로부터 자유로워지고 싶은가요? 그렇다면 화에 대해 공부할 시간입니다.

화는 모든 감정 중에서도 가장 복잡한 감정입니다. 사람들은 미안한데 짜증을 내고, 서운한데 소리를 지르고, 남편에게 화가 난 건데 아이를 잡지요. 미래나 경력단절에 대한 불안과 초조감을 남편과 아이에게 화로 풀기도 합니다. 오래전 상처가 되살아나 화가 나기도 하고, 들키고 싶지 않은 내면의 그림자를 덮으려고 화를 내기도 합니다. 화는 더 깊은 차원의 감정들과 연관되어 있고, 욕구나 신념과도 연관되어 있습니다. 그래서 화를 공부하면 마음세계를 깊이 이해할 수 있습니다.

저는 오랜 세월 궁금했습니다. 마음이 괴로울 때 어떻게 해야 하는지, 평화로운 마음은 도대체 어디서 구할 수 있는지를요. 내 마음을 잘 조절하고 싶고, 다른 사람의 비난에도 흔들리지 않으려면 어떻게 해야 하는지, 아니 그것이 가능하긴 한지를 말이지요. 그 궁금증은 저를 여행으로, 명상과 요기로, 코칭으로 이끌었습니다. 20여 년의 여정에서 저는 감정 조절과 대화에 대해 거의 새로 배우다시피 했습니다. 제가 배운 것은 마음을 다스리는 법이 아니라 마음을 온전히 받아들이는 법이었고, 관계와 대화에 능통하는 기술이 아니라 상대의 마음과 연결되는 의식이었습니다. 수많은 시행착오 끝에 저는 제법 저 자신, 그리고 상대의 마음과 친해졌습니다.

아이를 키우며 우연히 엄마들을 대상으로 수업을 하게 됐지요. 삶을 설계하는 라이프코칭 프로그램인 '맘맘코칭', 비폭력 대화법에 기반한 '대화교실'에서 엄마들을 만나면서 오랫동안 품어왔던 고민이 저만의 것이 아님을 알게 됐습니다. 엄마들은 이렇게 말했습니다.

"코치님, 대화법을 아무리 배워도요, 한번 화가 나면 다 까먹고 아이를 잡게 돼요. 화 좀 안 나게 해주세요."

제가 만난 엄마들은 아이에게 화를 내놓고 후회하기를 반복하고 있었습니다. 그 화를 자세히 들여다보니 화가 아닌 다른 감정인 경우가 많았고, 화가 다른 데서 오는 경우도 많았습니다. 화를 내기보다는 참는 데 더 익숙한 분들이었고, 한번 내고 나면 잘못을 곱씹으며 괴로워하는 분들이었습니다.

그분들도 저처럼 감정의 고리를 끊지 못한 채, 화나게 한 상대방을 미워하고 화낸 자신을 계속 비난하고 있었습니다. 제가 얻은 배움을 그분들과 나누고 싶어 이 책을 쓰게 됐습니다. 우리 안의 화는 다양한 관계와 상황 속에서 발생하기 때문에 아이와의 관계뿐 아니라 엄마로서 겪는 상황들을 입체적으로 다루고자 했습니다. 이 책에는 제가 배우고 익히고 가르친 모든 것이 빠짐없이 담겨 있습니다. 최대한 현실적인 도움이 되고자 고심하며 썼으니 어떤 상황에 처해 있는 엄마든 꼭 얻을 게 있으리라 봅니다.

이 책은 5장으로 이루어져 있습니다.
- 1장에서는 화에 대한 오해들을 짚었습니다. 이 장을 보면 화와 그 밖의 감정을 구별하는 법, 화가 나는 진짜 이유를 알 수 있습니다.
- 2장에서는 화가 났을 때의 대처법을 담았습니다. 화를 신속하게 진정시키는 법, 화를 말과 행동으로 옮기기 전에 고려할 것,

아이와 부모가 동시에 화날 때 조율하는 법, 자존감을 지켜주며 훈육하는 법, 화내고 나서 사과하는 법을 다루었습니다.

- 3장은 아이가 화낼 때 어떻게 대처할지에 대한 내용입니다. 화가 많은 아이는 왜 그런지, 아이가 화낼 때 가장 먼저 체크할 것이 무엇인지, 아이의 마음을 읽어주는 법과 감정 조절 능력을 키워주는 법이 담겨 있습니다.

- 4장에서는 '화가 안 나는 사람이 될 수는 없을까?'라는 질문에 대한 답을 담았습니다. 화를 예방하는 생활습관부터 자기 안의 고정된 신념들에서 벗어나 있는 그대로 수용하는 법을 안내합니다.

- 5장에서는 실제 엄마들이 보내온 화에 대한 고민에 실전 대처법을 제시합니다. 대여섯 번 말해도 안 듣는 아이, 뭐든 엄마 탓을 하는 아이, 유난히 미운 둘째, 분리불안으로 매일같이 우는 아이 등 엄마들의 화를 돋우는 상황에 대한 솔루션을 담았습니다.

화는 단순히 가정 내의 문제가 아닙니다. 어제오늘 일이 아닌 사회 권력층의 갑질부터 시작하여 어린이집 내 아동학대, 학교폭력과 왕따, 묻지 마 범죄 등 우리 사회의 심각한 문제들이 모두 상습적인 화와 관련이 있습니다.

가난과 학대가 대물림되듯, 화도 대물림됩니다. 또한 화는 위에서 아래로 흐른다는 속성을 가지고 있습니다. 사장이 임원에게, 임원이 부장에게, 부장이 대리에게, 대리가 아내에게, 아내가 첫째에게, 첫째가 둘째에게, 그리고 둘째는 자기보다 더 힘이 약한 친구에게 화를 냅니다. 화가 흘러 흘러 고이는 지점은 결국 아이들입니다. 아이들을 더는 화의 희생자로 만들지 않으려면, 누군가는 그 연쇄고리를 끊어야겠지요. 그 누군가는 바로 이 책을 읽고 있는 우리 자신입니다.

부당한 대우를 받을 때 제대로 화낼 수 있으면 좋겠습니다. 아이에게 애꿎은 화풀이를 하지 않으면 좋겠습니다. 아이에게 화가 나도 상처 주지 않고 말하면 좋겠습니다. 궁극적으로, 화가 날 때 너와 나를 공격하지 않고 너와 나의 마음을 이해하자는 신호로 받아들이면 좋겠습니다. 그 긴 여정의 출발점은 먼 데 있지 않습니다. 내 화를 내가 책임지는 것입니다.

이제 여행을 시작해보겠습니다.

차례

3장 화내는 아이, 어떻게 대할까?

1장

우리가 몰랐던
화의 진실

자주 화내는 저는 나쁜 엄마 같아요
➡ 화, 내도 괜찮습니다

"방금도 아이에게 화를…. 전 정말 나쁜 엄마인가 봅니다."

"25개월 일춘기 아이를 대하며 솟는 화는 어쩌면 좋을까요? 엄마의 인성 탓인 거겠죠? 둘째를 갖고 싶어도 저는 엄마 자격이 없다는 생각에 꾹 누릅니다."

인터넷에 '화코칭' 연재를 할 때 달렸던 댓글 일부다. 아이한테 화내고 후회의 눈물을 흘리는 엄마들이 한둘이 아니다. 엄마들은 아이에게 화내는 자신을 질책한다. 나쁜 엄마라는 꼬리표를 붙이고 '내일은 화내지 말아야지' 굳게 다짐한다.

그러나 다음 날이 되면 또 화를 낸다. 화는 줄지 않고 자기 비난은 계속된다. 오죽하면 '낮버밤반'이라는 신조어까지 나왔을까. '낮에 버럭하고 밤에 반성한다'는 의미로 엄마들이 자신들의 행동에 자조적으로 붙인 이름이다.

육아서들은 하나같이 '부모의 욱이 아이를 망친다'라고 한다. 그래서일까? 엄마들을 만나 '화'에 대한 이야기를 나누다 보면 공통된 오해 몇 가지가 보인다. 그중 가장 큰 것이 '화내면 안 된다'라는 것이다. "애 키우면서 화내는 게 당연하지", "애가 잘못했으니까 화내지"라고 말하면서도 '화 안 내는 따뜻한 엄마'가 되기 위해 고민한다.

왜 화를 내지 말아야 하는 걸까? 아니, 과연 화를 안 낼 수 있을까? 부처나 예수 같은 성인도 아닌 평범한 우리에게 그것이 현실적인 목표일까? 화 안 내려고 노력하는 동안 잃는 것은 없을까?

화 안 내는 엄마는 육아서에나 등장하는 비현실적인 엄마다. 현실의 엄마들은 누구나 화를 낸다. 정도의 차이가 있을 뿐이다. 그렇다면 현재 나의 화는 문제가 되는 수준일까, 아닐까?

궁금하다면 간단히 분노 자가점검을 해보자. 지난 6개월 동안 스스로 느낀 점이나 주변에서 들었던 말을 떠올리면서 각 항목에 답해보자. '예'라고 답한 항목의 점수를 합하면 된다.

1. 신경질 나는 상황에 잘 대처하지 못했다. (1점)

2. 화를 낸 것이 당황스럽고 죄책감을 느꼈다. (2점)

3. 누군가가 당신의 분노 표현 방법에 문제가 있다고 이야기했다. (2점)

4. 당신의 분노 표출로 인해 가정이나 직장 또는 친구들이나 가족 안의 중요한 관계가 한계에 이르렀다. (3점)

5. 당신을 아끼는 누군가가 당신에게 분노 조절을 위한 도움을 받으라고 강력히 충고했다. (3점)

6. 분노를 터뜨리는 방식 때문에 심각한 문제에 빠진 적이 있다. 예를 들어 직장에서 징계를 받았거나, 길에서 난리를 쳐서 체포되었거나, 법적인 문제가 있었거나, 누군가를 다치게 했거나, 자신이 다쳤거나, 별거 또는 이혼을 당한 적이 있다. (4점)

합: _____ 점

《쿨하게 화내기》(로버트 네이 지음, 시그마프레스, 2015)

합산했을 때 2점 이하라면 평균에 속한다. 다들 그 정도는 화를 내고 산다. 지금 이대로도 충분하니 안심해도 된다. 3점에서 5점 사이라면 앞으로 개선이 필요하다. 그대로 두었다가는 관계가 상하므로 화 조절 능력을 키우기 위한 노력이 필요하다. 6점 이상이라면, 특히 6번에 '예'라고 답했다면 변화가 시급하다. 당장 분노를 다루는 정신과 전문의나 심리치료사를 찾아가 도움을 받아야 한다.

1~2점이면서 '난 너무 화를 많이 내. 난 문제가 많아'라고 생각

한다면 그것은 자기 비난이 심한 것이다. 자신의 노력과 수고를 좀더 인정하고 자신의 감정과 욕구에 관대해질 필요가 있다. 반면 3점 이상이면서 '이 정도 화는 누구나 내고 사는 거지. 뭐가 문제야'라고 생각한다면 그것은 문제를 축소하는 것이다. 해결하지 않는 화는 건강과 관계를 좀먹는 주범이다.

점수가 몇 점이 나왔건 간에 그것으로 '좋은 엄마', '나쁜 엄마'를 나눌 순 없다. '좋고 나쁨'이라는 구분 자체가 개인의 가치 판단과 관련되어 있으며, 그 가치 판단의 기준은 저마다 다르기 때문이다. 어떤 엄마는 아이에게 유기농 먹거리로 건강 식단을 차려주는 것을 최고의 가치로 여기고, 또 어떤 엄마는 설탕이 범벅된 불량식품을 먹이더라도 아이의 자율권을 존중하는 것을 최고의 가치로 삼는다. 아이에게 최고의 교육과 보육을 제공하지만 감정 조절 능력이 떨어지는 부모와 감정 조절 능력은 뛰어나지만 대충 먹이고 입히는 부모, 둘 중 누가 좋은지는 개인의 가치 판단과 연결되어 있다. 화를 내고 안 내고는 그 수많은 기준 중 하나일 뿐이다.

'화내면 나쁜 엄마다'라는 생각에는 '화내면 나쁜 사람이다', 더 나아가 '화는 나쁜 감정이다'라는 전제가 깔려 있다. 예를 들어 어린이집에서 만든 카드가 찢어졌다고 짜증 내는 손녀에게 이렇게 훈육하는 이웃집 할머니를 보았다.

"화내면 나쁜 사람이야. 이쁘게 말해야지."

그리고 또 어떤 엄마는 "아, 짜증 나!"라는 다섯 살 딸의 말에 화들짝 놀라 딸을 붙들고 이렇게 말했다고 한다.

"그런 말 하는 거 아니야. 그런 말 하면 좋은 일을 다 나쁜 일로 만들어버려."

화는 정말 나쁜 것일까? 화와 짜증은 없애야 할 적일까? 화가 나서도, 화를 느껴서도, 나아가 화를 표현해서도 안 되는 걸까? 화나 짜증이 없다면 마냥 좋기만 할까?

화는 시대와 지역, 나이와 성별을 막론하고 모든 인간이 가져온 보편적인 감정 중 하나다. 심리학자들은 인간의 기본 정서를 여섯 가지에서 열 가지 정도로 제시하는데 그중 로버트 플루칙Robert Plutchik은 여덟 가지(공포, 분노, 기쁨, 슬픔, 수용, 혐오, 기대, 놀람)로, 폴 에크먼Paul Ekman은 여섯 가지(공포, 분노, 행복, 혐오, 슬픔, 놀람)로 분류했다. 아이들이 좋아하는 영화 〈인사이드 아웃〉에서는 기쁨이, 슬픔이, 버럭이, 까칠이, 소심이가 나온다. 즉, 다섯 가지 대표 감정을 등장시킨 것이다. 분류를 어떻게 하든 화는 빠지지 않는다. 유구한 인간사에서 지금까지 화가 없어지지 않은 이유는 그것이 맡고 있는 순기능이 있기 때문이다.

화의 주된 기능은 자기보호다. 부당한 대우를 당하고, 무리한 요구를 받고, 가려는 길이 막힐 때 화라는 경보가 울린다. '문제가 발생했어. 해결해!'라는 신호인 셈이다. '화는 나쁘다'라는 태도는 그 신호를 무시하게 한다. 부당한 대우에도 침묵하게 하고, 무리한 요구도 거절하지 못하게 하고, 가던 길을 멈추고 멀리 돌아가게 한다. 화라는 감정은 다른 모든 감정과 마찬가지로 없애야 할 적이 아니고 귀 기울여 얘기를 들어주어야 하는 친구다.

물론 화라는 '감정'과 화가 나서 하는 '행동'은 별개의 것이다. 아무리 화가 나도 해서는 안 되는 행동들이 있다. 물기, 꼬집기, 때리기 등의 신체적 폭력은 물론 "너 때문에 못 살겠다", "그렇게 하면 가만히 안 두겠다"처럼 폭언이나 욕설을 퍼붓는 것은 분명히 나쁜 행동이다. 화를 포함하여 자신의 감정을 있는 그대로 수용하되, 행동은 좋은 쪽으로 바꿔나가야 한다.

모든 엄마는 자기 위치에서, 자기가 가진 지식과 경험을 총동원하여 자식을 위한다. 당신도 그렇지 않은가? 그런데도 '부족한 엄마'를 넘어 '나쁜 엄마'라는 꼬리표를 붙이는 것은 가혹하지 않을까?

자주 화내는 엄마는 나쁜 엄마가 아니라, 지친 엄마다. 처음이라 혼란스럽고 불안한 육아, 끝이 없는 살림, 경제적 압박감, 남편과의 갈등으로 몸과 마음이 지쳐 감정 조절 능력이 바닥을 쳐서 그렇다.

자주 화내는 엄마는 나쁜 엄마가 아니라, 바쁜 엄마다. 사회가 제시하는 기준과 주변의 기대에 부합하기 위해 자기와 아이를 닦달하며 달리고 또 달리느라 감정의 세밀한 결을 느낄 새가 없어서 그렇다.

자주 화내는 엄마는 나쁜 엄마가 아니라, 고픈 엄마다. 아이들이 엄마의 관심이 필요할 때 "엄마 미워!"라고 소리 지르는 것처럼 엄마들도 인정과 사랑에 굶주릴 때 "나 사랑받고 싶어"라고 할 용기가 없어 화를 내는 것이다.

자주 화내는 엄마는 나쁜 엄마가 아니라, 아픈 엄마다. 마음이 너무 아파서, 아픈 걸 더는 보기도 보여주기도 싫어서 화라는 갑옷을 겹겹이 뒤집어써버린 것이다. 그렇게 굳어버린 갑옷 안에는 데고 찢기고 닳아버린 엄마의 오랜 상처가 있다.

매일매일 툭하면 화가 나요
→ 엄마들이 화가 나는 데는 이유가 있습니다

화코칭 워크숍에 참가하는 엄마들에게 '언제 화가 나는지'를 물었다. 가장 많이 나온 대답은 '아이가 말을 안 들을 때'였다. 아이들은 뛰지 말라고 하는데 뛰고, 밥 먹으라는데 돌아다니고, 사이좋게 놀아야 한다고 해도 친구를 때리고, 어린이집 갈 시간이라고 재촉해도 블록 놀이에 열중한다. 좀 커도 마찬가지다. 학교 다녀오면 컴퓨터부터 켜고, 손에서 스마트폰을 놓지 않는다.

아이가 말을 안 듣는 상황은 셀 수 없이 많다. 어릴 땐 말귀를 못 알아먹는 아이 때문에 화나고, 좀 크면 알아먹으면서도 안 들으니 화가 난다. 같은 이야기를 수도 없이 반복해야 할 때, 그럼에도 아이가 문제 행동을 되풀이할 때 엄마는 화가 나고 무기력감까지 느낀다. 부모 말에 곧이곧대로 순종하는 아이는 없다. 그걸 알면서도 엄마들은 화가 난다.

사람이 화가 나는 이유는 크게 세 가지다.

첫째는 목표 달성을 방해받을 때다. 밤에 아이 재우고 드라마를 볼 생각이었는데 아이가 안 잘 때 화가 나지 않던가? 겨우 재워놓고 TV 앞에 앉았는데 그제야 얼큰하게 취해 들어온 남편이 아이를 깨우면 더 화가 나지 않던가? 사람은 누구나 자신이 세운 목표와 계획이 기한 내에 달성되기를 바라고, 그것이 이루어지지 않을 때 화가 난다.

두 번째는 경계를 침범당할 때다. 사람에겐 저마다 안전감을 느끼는 공간적 · 시간적 · 심리적 경계가 있다. 시부모님이 사전 연락 없이 현관 비밀번호를 누르고 들어온다든지, 모유 수유 중인 방에 노크 없이 벌컥 문을 열고 들어올 때 화가 나는 것은 '경계'와 관련이 있다. 아끼는 물건도 경계에 해당한다. 내가 좋아하는 가방에 아이가 낙서를 해놓았을 때 화가 나는 것, 남편이 소중하게 여기는 낚싯대를 말없이 치웠을 때 그가 화를 내는 것도 모두 경계를 침범당했기 때문이다.

마지막은 자존감이 손상될 때다. 모든 사람은 자기의 존재가치를 확인하고 싶어 하고 다른 사람에게 존중받고 싶어 한다. 그러므로 누군가가 나를 무시하면 화가 나기 마련이다. 남편한테 "애 키우는 게 뭐가 그렇게 힘들다고 맨날 징징대. 하는 게 뭐가 있다고"라는 말을 듣는다면, 시어머니가 "네 남편이 혼자 돈 버느라 너무 고생하잖니. 너도 집에서 놀지만 말고 돈 벌 궁리 좀 해봐라"
라고 한다면, 친정엄마가 "어쩜 집안 꼴이 이 모양이냐. 아무리 애
키우느라 힘들어도 정리 좀 하면서 살아라!"라고 한다면, 듣는 엄
마의 자존감은 하락하고 화가 솟구친다.

민지 씨는 세 가지가 총체적으로 결합된 상태였다. 일곱 살, 네
살 두 아이의 엄마인 그녀는 시간제로 변경해서 직장생활을 겨우
유지하고 있었다. 그런데 폭등하는 집값 때문에 서울 외곽으로 이
사를 하게 되면서, 늘어난 출퇴근 시간을 감당할 수 없어 결국 퇴
사를 하게 됐다. 회사에서 받는 인정과 성취감 덕에 '빡센' 워킹맘
라이프도 버틸 수 있었는데, 인정받는 일이 없어지자 자신의 존재
가치를 찾기가 어려웠다. 남편은 "집에서 애 보는 게 뭐가 힘들다
고 그러냐. 내가 더 힘들다"라며 퇴근해서는 손 하나 까딱하지 않
았고, 아직 어린이집에 다니지 않는 둘째 때문에 혼자만의 시간은
하루에 한 시간도 갖기 어려웠다. 수입은 줄었는데 식비와 문화비
지출이 늘어 경제적 압박도 심했다. 저축, 내 집 마련, 경력 유지
등의 목표가 모두 물 건너갔다.

그녀는 자꾸 화가 난다고 했다. 아이들한테도 툭하면 소리를
지르게 되고, "왜 장난감 안 사줘?"라고 말하는 첫째가 밉다고 했
다. 둘째는 엄마를 한시도 가만히 안 두고 뭐든 같이 하려고 해서

화가 나고, 경제적으로 독립적이지 못한 친정 부모님에게도 너무 화가 났다. 살림에 무관심한 남편한테 화가 나는 건 두말할 것도 없다.

퇴사 이후 매일 고슴도치처럼 날카롭게 가시를 세우고 있는 민지 씨, 그녀의 화는 어디서 온 걸까? 민지 씨의 화는 '낮아진 자존감'에서 왔다. 회사에서 능력을 인정받던 사람이 능력을 발휘하지 못하고, 경제력을 잃고, 자신도 가족들도 가치를 인정하지 않는 '주부' 모드로 지내야 하는 데서 오는 상실감이 원인이다. 그런 그녀에게 "왜 그렇게 맨날 화를 내? 그게 그렇게 화낼 일이야?"라고 몰아붙인다면 그녀의 화는 더 큰 불씨가 되어 자신과 아이들을 할퀼 것이다.

민지 씨는 개인 코칭에서 우울감, 상실감과 엉켜 있는 자신의 화를 있는 그대로 털어놓으면서 자신에게는 '일이 꼭 필요하다'는 깨달음을 얻었다. 그렇다고 다시 장거리 출퇴근을 하는 워킹맘 모드로 돌아가고 싶지는 않았다. 아이들의 어린 시절을 함께 보내고 싶다는 마음도 커서였다. 그래서 아이들이 중학교 입학할 때까지는 낮에 네다섯 시간 일하면서 커리어를 계속 유지하기로 방향을 정했다. 화의 원인과 화가 보내는 메시지를 분명히 알게 된 민지 씨는 미래 방향을 자신의 뜻대로 설계하고 나서 많이 홀가분해 했다.

이유 없는 화는 없다. 화는 저마다 이유가 있다. 그냥 화가 났다거나 왠지 모르게 화가 난다는 것은, 화에 대해 좀 더 탐구해야 한다는 뜻이다. 이유도 모른 채 계속 화를 내고 있다면 멈추어 살필 때다.

화의 이유도 여러 가지지만, 화를 다루는 방식도 다양하다. 분노에 대처하는 유형은 크게 다섯 가지로 구분해볼 수 있다.

첫째는 억압형이다. 억압형은 화가 나 있지만 겉으로 드러내지 않는다. '좋은 게 좋은 거지'라는 생각에 긁어 부스럼 만들지 않기 위해 자신의 화를 감추고, 때론 분노라는 감정 자체를 부정하기도 한다. 속으로 끙끙 앓지만 주변에선 그가 화났다는 사실을 알지 못한다. 감정을 참고 누르다 보니 분노뿐 아니라 즐거움과 행복 같은 감정을 인식하는 데에도 무뎌진다. 이들은 스스로 결정을 내리는 것보다는 다른 사람을 따르는 것을 선호한다. 적응을 잘하고 우호적이고 수용적이라는 장점이 있으나, 동시에 우유부단하고 속을 알기 어렵다는 얘기를 듣기 쉽다. 감정을 억압하는 습관이 각종 신체 질환으로 이어지기도 한다.

두 번째는 공격형이다. 이들은 분노라는 감정을 거르지 않고 표현한다. 욕설, 언어폭력, 모욕감 주기, 던지고 때리기 등의 폭력적인 행동도 서슴지 않으며 자신이 옳다는 확신이 강하기에 타인의 의견이나 감정은 쉽게 무시한다. 대체로 이들은 성과를 잘 내고 용기가 있고 주도성이 뛰어난 반면, 난폭하고 이기적이어서 관계에 어려움을 겪는다.

세 번째는 수동공격형이다. 이들은 분노를 소극적으로 교묘히 표현한다. 자기 상처를 최소화하면서도 상대와의 관계를 잃지 않기 위해서다. 이들은 은근히 고집을 부리거나 삐딱하게 행동한다. 상대의 지시에 좋다, 싫다 표현 없이 꾸물거리는 방식으로 분노를 표출한다. 흔히 말하는 '소심한 복수'가 이들의 주특기다. 보통 신중하고 배려심이 있으며, 동시에 우울감과 불안감이 높고 민감한 성향을 가지고 있다.

네 번째는 회피형이다. 이들은 화는 나쁜 거라 생각해서 얼른 벗어나려고 애쓴다. '별일 아니야', '신경 쓰지 말자'와 같이 감정을 축소하거나 술, 담배, 음식, 게임 등으로 도피한다. 자신의 감정을 있는 그대로 직면하지 않기 때문에 상황을 풀어나가기가 정말 어려울 때는 종종 중독에 빠지기도 한다.

다섯 번째는 연결형으로, 우리의 지향점이다. 연결형은 화가 났을 때 먼저 자기 자신과 대화하고, 필요할 경우 상대방과도 대화를 나누는 유형이다. 화를 누르거나 축소하거나 다른 곳으로 피하지 않고 왜 화가 났는지, 무엇이 필요한지를 자신에게 정직하게 묻는다. 그리고 그 필요를 채우기 위해 상대의 협력이 필요하다면 도움을 요청한다.

유형은 고정되어 있지 않고 관계와 상황에 따라 달라지기도 한다. 회사에서는 억압형이지만 집에서는 공격형일 수 있고, 친구와의 사이에서는 연결형인데 부모와의 관계에서는 수동공격형일 수도 있다. 자신이 어떤 때 어떤 유형으로 반응하는지 인식할 필요가 있다.

감정 대처 유형은 하루 이틀 사이에 만들어지는 것이 아니라 대체로 어린 시절부터 형성된 패턴이다. 부모님의 양육 방식과 주어진 환경에 적응하기 위해 아주 어릴 적에 선택한 방식을 토대로, 살면서 경험한 것들이 쌓이고 덧씌워져 굳어진 것이다. 너무 익숙해서 자신이 감정에 대해 어떻게 대처하는지 모르기도 하고, 내면과 외면의 오랜 습관이기 때문에 '연결형'으로 성장하는 데는 시간이 걸린다. 매일같이 화가 난다면 자기 자신과 연결이 끊어져 있는 것이다. 자기 내면과의 관계를 회복하는 것이 우선이다. 다음 질문을 자신에게 더 많이, 더 깊이 던지도록 하자.

"너에게 필요한 게 뭐야?"

"네가 진짜 원하는 게 뭔지 말해줄래?"

아무렇지 않다가 난데없이 화가 나요

➡ 화는 가짜 감정, 진짜 감정이 따로 있습니다

수민 씨가 호텔 로비에서 고래고래 소리를 지르면서 화를 내고 있다. 늘 바쁜 남편과 한창 떼와 고집이 늘어나는 세 살짜리 아이, 세 식구가 간만에 떠난 주말여행에서였다. 수민 씨는 반찬 걱정, 청소 걱정 없이 간만에 오붓한 시간을 보낼 수 있다는 기대감에 부풀어 있었다. 남편이 아이랑 오랜만에 애틋한 시간을 보내고, 자기는 푹신한 호텔 침대에서 뒹굴뒹굴하는 이미지가 머릿속에 가득 차 있었다.

그랬던 그녀에게 남편이 체크인을 마치자마자 "수영 좀 다녀올게"라고 말하며 돌아서고 있었다. 수민 씨의 입에서는 "미쳤어? 제정신이야?"와 같은 말들이 쏟아져 나왔다. 이성적으로 따지고 재고 할 틈도 없었다. 누가 보건 말건, 아이가 듣건 말건 상관없었다. 그녀는 왜 이렇게 갑자기 노발대발하는 걸까?

심리학에서 화는 2차 감정으로 분류된다. 화라는 감정이 일어나기 전에, 1차로 발생한 다른 감정이 있다는 이야기다. 예를 들어아이가 넘어져 피를 흘리는 것을 보고 달려가 "그러길래 조심하랬잖아. 왜 엄마 말을 안 들어"라고 혼낼 때, 이 엄마가 1차적으로느낀 감정은 '놀람', '걱정'이다. 밤늦도록 남편이 연락도 없이 들어오질 않다가 12시가 되어 만취해 들어왔을 때 "왜 전화를 안 받아! 술은 또 어디서 이렇게 마셨어!"라고 소리를 지르지만, 남편이들어오기 전까지 느낀 감정은 '불안'과 '걱정'일 것이다. 사람들은서운한데 화를 내고, 미안한데 화를 내고, 지쳐 있는데 화를 낸다.화라고 표현하지만 사실은 화가 아니다. 진짜 감정은 따로 있다.

그렇다면 엄마들은 어떤 감정들을 화라고 부르는 걸까?

가장 많은 경우는 '피곤함'이다. 엄마들이 자주 폭발하는 타이밍은 저녁때다. 종일 종종거리며 아이를 쫓아다니고 요구 들어주고 놀아주는 등 뒤치다꺼리를 하면서 피곤함이 쌓인 것이다. 피곤할 때 필요한 것은 휴식이다. 그러니 "당장 안 잘래! 망태 할아버지가 잡아간다!"라고 하는 것보다 "엄마 지금 너무 피곤해서 쉬고싶어"라고 하는 것이 엄마 자신의 마음을 더 솔직하게 표현하는것이다.

두 번째는 '초조함'이다. 특히 아침 시간에 많이 느낀다. 어린이집 갈 시간이 다가오는데 아이는 세월아 네월아 놀이만 하고 있을 때, 엄마는 아이를 재촉하게 된다. 밥을 입에 떠 넣고 양말 겨우 신겨서 신발을 신기려는데, 신발이 마음에 안 든다고 투정을 부리기라도 하면 애써 끌어올렸던 의지력이 결국 바닥나서 '버럭'하고 만다. 초조함은 약속시간을 지키고 신뢰할 수 있는 관계를 만들고 싶다는 선한 의도에서 비롯된 것이다. 그러므로 이럴 때는 "너 어린이집 가기 싫으면 그만 다녀!"가 아니라 "엄마 지금 마음이 급해. 이러다 늦겠어. 1분 안에 준비해서 나가도록 하자"라고 하는 것이 진짜 마음을 표현한 것이다.

세 번째는 '걱정'과 '불안'이다. 아이가 높은 곳에서 뛰어내리는 것을 보았을 때 "야, 엄마가 이런 위험한 짓 하지 말랬지! 크게 다쳐봐야 정신이 들겠니?"라고 화를 내지만, 속마음은 놀라고 걱정된다는 것이다. 정성껏 다양한 반찬을 해서 차려놔도 잘 안 먹는 아이에게 끝내는 "됐어, 먹지 마! 엄마도 이제 반찬 만들기 싫어!"라고 소리를 지르지만 속으로는 아이가 안 크면 어쩌나, 내가 뭔가 잘못하고 있는 건 아닐까 걱정되고 불안한 것이다. 이럴 때도 "엄마 너무 놀랐어. 안 다쳤어?", "엄마는 네가 안 클까 봐 걱정돼. 잘 먹어야 쑥쑥 크지"라고 하는 것이 마음과 일치하는 표현이다.

또 아쉬움과 서운함도 있다. 남편이 일찍 들어온다고 해서 찌개 끓이고 생선 굽고 간만에 정성껏 밥을 차려놓았는데 갑자기 회식 때문에 늦을 거라는 연락을 받았을 때 "그걸 왜 이제야 말해줘. 정말 이상한 회사야. 그리고 당신도 그래. 회식이라는 회식은 꼭 그렇게 다 쫓아다녀야겠어? 됐어, 끊어"라고 퍼붓지만, 단란한 저녁 식사가 물 건너간 것에 대해 내심 아쉽고 서운한 것이다. 이럴 때 "하, 아쉽네. 오늘 맛있는 거 많이 준비해놨는데"라고 하면 다른 차원의 대화가 가능해진다.

피곤함, 초조함, 걱정과 불안, 아쉬움과 서운함 같은 다양한 감정이 화나 짜증으로 단순해져 버린 것이다. 정신분석학자 롤로 메이Rollo May는 이렇게 말했다.

"성숙한 사람은 감정의 여러 가지 미묘한 차이를 마치 교향곡의 여러 가지 음처럼, 강하고 정열적인 것부터 섬세하고 예민한 느낌까지 모두 구별할 능력이 있다."

우리의 감정 세계는 단조롭고 단선적인 군대의 기상나팔 소리가 아니라 여러 악기가 어우러져 높은음과 낮은음, 강한 음과 약한 음을 내는 교향악단의 연주다. 감정은 다채롭다. 일곱 빛깔 무지개로도 담을 수 없는 오색찬란 총천연색이다. 감정을 세세히 구분하고 언어화할 때 우리는 자기 내면을 깊이 이해하고, 상대에게도 이해시킬 수 있다. 감정을 소통하지 않으면 감정적 소통이 된다. "내가 언제 소리를 질렀다고 그래!"라고 소리 지르게 된다.

수민 씨가 호텔 로비에서 보였던 화는, 그 이전에 매일같이 느껴온 서운함과 아쉬움의 축적물이다. 서운해도 말을 하면 쪼잔해 보일까 봐 안 하고 넘기고, 아쉬워도 바쁘고 지친 남편 신경 쓸까 봐 나중에 말해야지 하면서 넘겨온 수민 씨. 그동안 넘기고 참아온 감정의 크기만큼 이번 여행에 대한 기대가 컸고, 그래서 실망도 컸던 것이다.

그렇다면 왜 우리는 서운한데 서운하다고 말하지 않고, 그 대신 화를 내는 걸까? 국내 가족상담의 권위자 서울대 김용태 교수는 《가짜감정》이라는 책에서 감정을 세 가지로 구분한다. 화라는 표면 감정, 그 아래에 있는 불안과 두려움이라는 이면 감정, 그리고 가장 깊은 곳에 있는 수치심이라는 심층 감정이다.

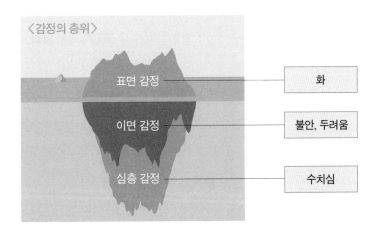

〈감정의 층위〉

표면 감정 ——— 화

이면 감정 ——— 불안, 두려움

심층 감정 ——— 수치심

그에 따르면 인간이 최초로 경험하는 감정은 신생아 시절 엄마와 자신이 같은 존재가 아닌 '분리된 존재'라는 것을 깨달을 때 느끼는 '불안'이다. 인생 초기의 불안한 감정이 부모의 민감성으로 달래지지 않으면 아기는 '나는 뭔가 부족한 존재', '별 볼 일 없는 사람', '쓸모없는 사람'이라는 인식을 갖게 되고, 그 결과 마음속 깊숙이 수치심을 품게 된다.

무의식 속에 수치심과 불안을 갖게 되면, 그런 모습을 들킬까 봐 두려워진다. 자신의 나약한 모습 때문에 무시나 비난을 당할까 봐서다. 그래서 이런 여린 감정을 없애고 감추기 위해 화를 낸다. 화를 내면 대화의 초점을 상대방에게 돌릴 수 있으므로 자신의 진짜 감정을 직면하지 않아도 되고, 또 화에 담긴 '내가 아닌 네가 문제다'라는 메시지를 통해 상대방보다 우위에 서게 된다. 김용태 교수는 "화는 이렇게 자신의 문제를 피하면서 다른 사람보다 우위에 서는 일거양득의 효과를 가져다준다"라고 말한다. 즉 마음 깊은 곳의 열등감과 불안을 숨기고 화로 표현하는 것이다.

이것이 습관화되면 자신의 진짜 감정과 단절되고 화라는 가짜 감정만 남게 된다. 그러므로 단순히 '화났다'라고 할 것이 아니라 '진짜 감정은 뭐지?' 하면서 살펴보아야 한다. 대개는 화가 아닌 다른 감정인데, 습관적으로 화라고 하는 것이다.

같은 화라고 하더라도 강도에 따라 다양한 이름이 있다. 짜증, 분노, 분함, 속상함, 약 오름, 좌절감, 불만, 안달, 조바심, 불쾌감, 넌더리가 남, 분통 터짐 등을 비롯해서 열 받음, 뚜껑 열림, 버럭함 같은 창의적인 표현들도 있다.

화도 처음부터 격렬하게 시작되는 것이 아니다. 강도가 약한 화부터 오고, 문제 상황이 지속되면 점점 세진다. 정신과 전문의 조셉 슈랜드 Joseph A.Shrand 박사는 화를 다음과 같이 1부터 10까지 10등급으로 구분했다.

<화의 등급>

1	2	3	4	5	6	7	8	9	10
약한 짜증	약 오름	심한 짜증	좌절감	조바심	불쾌감	화	노여움	분노	격분

화가 날 때는 상황을 적어보고 거기에 등급을 매겨보자.

<예: 화나는 상황에 등급 매기기>

• 몸이 피곤해서 아침에 일어나기가 힘듦   (4. 좌절감)

• 아이가 일주일째 어린이집에 가기 싫다는 말을 함   (5. 조바심)

• 주말인데 남편이 갑자기 친구 만나러 나가버림   (2. 약 오름)

- 주차하다가 옆 차를 긁음 (1. 약한 짜증)

- 도서관 책 반납이 연체됨 (1. 약한 짜증)

- 날씨가 너무 더움 (1. 약한 짜증)

- 스마트폰 데이터가 1주일 만에 소진됨 (3. 심한 짜증)

- 전세금을 5,000만 원 올려달라고 함 (8. 노여움)

내면에서 생동하는 감정에 걸맞은 언어 표현을 생각하고 등급을 매기는 동안 우리의 뇌에서는 전전두엽이 활성화된다. 전전두엽은 이성적 사고를 담당하는 기관으로, 이 기관이 발달해야 감정 조절 능력을 키울 수 있다. 감정에 이름을 붙이는 단순한 행위를 통해 우리는 감정 조절의 첫 단계를 밟는 것이다.

한 엄마의 이야기가 떠오른다. 활달하고 호기심 많은 둘째 아이가 외출만 하면 엄마 손을 놓고 도로로 뛰어들곤 해서, 아이의 문제 행동을 멈추려고 화를 많이 냈다고 한다.

"미쳤어? 그러다 사고 나면 구급차 타고 병원 가야 해."

"한 번만 더 찻길로 달려가 봐. 다신 안 데리고 다닌다."

목소리는 빠르고 높았고 시선도, 행동도 거칠었을 것이다. 그렇게 갖은 수를 다 써도 아이의 행동이 멈추지 않으니, 얼마나 애가 탔을까. 그렇다고 정말 안 데리고 다닐 수도 없고.

그러던 어느 날, 아이에게 화를 낼 때 자신의 실제 감정은 걱정과 불안이라는 것을 깨달았다고 한다. 화를 낼 것이 아니라 걱정을 표현해야겠다고 생각하고는 이렇게 말했단다.

"우리 민수가 찻길에 뛰어들어서 다칠까 봐 엄마는 너무 걱정돼. 만약 어디 부러지기라도 하면 엄만 정말 슬플 거야. 엄마한테는 민수가 너무 소중하거든. 엄마는 민수랑 함께 오랫동안 건강하고 행복하게 살고 싶어. 다시는 찻길로 달려가지 않겠다고 약속해줄 수 있어?"

믿거나 말거나 둘째는 그 뒤로 더는 찻길 질주를 하지 않았다고 한다.

속마음, 진짜 감정, 여린 감정은 '약한 모습'이 아니라 '진실한 모습'이다. 엄마가 얼마나 속상하고 불안한지 제대로 들려줌으로써 아이에게도 엄마의 진짜 마음을 이해할 기회를 줄 수 있다. 남편에게 무턱대고 화부터 내는 것이 아니라 평상시 느꼈던 진짜 감정들을 충분히 표현해야 그에게 기대하는 바가 채워질 가능성이 크다.

그러니 무엇보다 자신의 진짜 감정을 알아차리고 이해하기 위해 마음을 써야 한다. 자신이 무엇을, 왜 경계하고 불안해하고 아파하는지 알아야 상대에게도 제대로 설명해줄 수 있다.

화내기 싫은데 아이가 사사건건 화나게 해요
➡ 내 감정의 책임은 나에게 있습니다

성희 씨는 단단히 화가 났다. 최근 들어 부쩍 힘들어하는 남편을 위해 일찍 퇴근해 친정엄마한테 아이들까지 맡겨놓고 정성스럽게 저녁을 차려줬는데, 남편이 몇 시간 동안 통화도 안 되더니 새벽 1시쯤에야 만취해 들어왔기 때문이다. 기다리는 동안 애가 닳고 닳았던 그녀는 번호키를 열고 비틀거리며 들어오는 남편에게 화를 퍼부었다. 다음 날 아침밥을 차려주지 않은 것은 물론이고 회사에 출근해서는 종일 일이 손에 잡히지 않아 카톡으로 친구들에게 하소연을 했다.

"내 남편 왜 이 모양이니. 이런 인간이랑 계속 살아야 할지 모르겠어."

성희 씨가 화가 난 이유는 무엇일까? 남편이 늦게 들어와서? 만취해서 들어와서? 전화를 안 받아서? 아니면 이 모두? 아니 그 이

전에, 성희 씨는 정말 남편 때문에 화가 난 걸까?

성희 씨가 화난 진짜 이유를 찾기 위해 상황을 살짝 비틀어보자. 새벽 1시에 남편이 만취해서 들어올 때, 만약 성희 씨가 감기 기운이 있어 약 먹고 일찍 잠자리에 든 상황이었다면 어땠을까? 만약 스트레스 풀려고 친구들 만나 실컷 수다 떨고 막 들어와 씻고 자려던 참이었다면? 그래도 남편에게 그토록 화가 나서 며칠 동안 침묵 시위를 했을까?

남편의 새벽 만취 귀가라는 상황은 똑같지만, 남편에 대한 감정은 성희 씨의 상황에 따라 많이 다르다. 그렇다면 화의 원인을 남편이라고 할 수 있을까? 아니라면, 진짜 원인은 무엇일까?

우리가 경험하는 감정의 이유를 알기 위해서는 내면세계에 대한 이해가 필요하다. 미국의 가족치료사 버지니아 사티어Virginia Satir는 우리 내면을 빙산에 비유했는데 겉으로 드러나는 말과 행동은 거대한 빙산의 일각일 뿐 그 이면에는 감정, 생각, 기대, 열망, 존재(자기)가 있다고 했다. 우리는 늘 어떤 기대와 열망을 가지고 있는데 그것이 채워지기도 하고 채워지지 않기도 한다. 채워질 때는 긍정적 감정과 생각 그리고 긍정적 말과 행동이 나오고, 채워지지 않을 때는 부정적 감정과 생각 그리고 부정적 말과 행동이 나오게 된다.

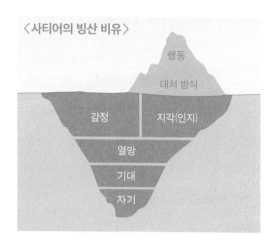

〈사티어의 빙산 비유〉

행동

대처 방식

감정　　지각(인지)

열망

기대

자기

　많은 엄마가 아이가 낮잠을 안 잘 때 화난다고 한다. 이럴 때 "왜 화나셨어요?"라고 물으면 "아니, 애가 안 자니까 화났지요"라고 대답한다. 하지만 과연 그럴까? 안 자는 아이가 화의 원인이라면, 아이가 안 잘 때마다 화가 나야 할 것이다. 그러나 어떤 날은 안 자도 '아휴, 그래 오늘은 그냥 놀아주자'라며 수월하게 넘기기도 한다. 또 어떤 날은 안 자서 더 좋기도 하다. 친구 만나러 가는 길에 아이가 졸려 하면 깨우려 하지 않을까? 친구랑 수다 떠는 동안 자라고 말이다.

　상대방의 행동은 화를 일으키는 자극이나 계기는 될 수 있지만 진짜 원인은 아니다. 화가 날 때 원인을 바깥에만 두면, 화가 난 진짜 이유를 절대 알 수 없다. 화는 내 빙산의 깊은 곳인 나의 기대와 열망에서 오기 때문이다. 상대의 행동이 나의 기대와 예측, 나의 바람, 나의 필요와 욕구, 내가 당연하다고 믿는 가치와 기준에 맞을 때 우리는 긍정적 정서를 경험한다. 마찬가지로, 그렇지 않을 때 부정적 정서를 경험한다. 손뼉도 마주쳐야 소리가 난다고, '그 사람 때문에' 화를 느끼는 것이 아니라 '그 사람의 행동이 나의 기대 및 열망과 불일치해서' 화가 나는 것이다.

남편과의 단란한 저녁 식사를 기대하고 있었기에 밤늦게 만취해서 들어온 남편이 꼴도 보기 싫은 것이다. 친구랑 재미있게 놀고 싶다면 오히려 일찍 들어와 밥 먹으려고 하는 남편에게 짜증이 날 것이다. 피곤해서 쉬고 싶은데 아이가 같이 놀아달라고 하면 짜증 나겠지만, 아이와 관계가 소원해진 것 같아 함께 시간을 보내려던 마음이 있다면 놀아달라는 요청에 기분 좋게 응할 것이다. 회사에서 계속 일하고 싶은데 희망퇴직을 제안받았다면 서운하고 막막하고 배신감이 들겠지만, 회사생활이 너무 힘겨워 그만두고 싶던 참이라면 보너스 받으며 퇴직할 수 있으니 반가울 것이다.

화의 원인을 상대방에게서 찾는 사람들은 상대방을 바꾸려고 기를 쓴다. 비난하고 협박하고 잔소리를 늘어놓고 하소연을 한다. 그러다 내 기대대로 행동했을 때는 칭찬하고 인정을 해준다. 이는 나의 감정이 그 사람에게 달려 있다고 믿는 것과 같다. 그러나 우리는 이미 어느 정도 경험으로 알고 있다. 상대가 내 기대대로 행동하는 일은 잘 일어나지 않는다는 것을. 그 또한 자기만의 욕구가 있기 때문이다. 일시적으로 내 기대에 부합하게 행동한다고 할지라도 이내 자신의 욕구를 채우는 쪽으로 돌아설 것이다. 만약 상대가 내 기대를 계속 맞춰준다면, 그것은 그에게 불행이다. 자신의 욕구와 멀어져 있기 때문이다. 그런 관계는 오래 갈 수 없다.

'너 때문에 화났다'라는 말은 달리 표현하면 '내 화는 너의 잘못 때문이야. 내 기대를 네가 채워줘야 해'라는 말과 같다. 이것은 결코 이룰 수 없는 욕심이며, 상대에게 죄책감을 불러일으킨다. 관계를 좀먹는 강요이자 폭력이다. 이 욕심과 강요를 중단하지 않는 한 화는 계속될 것이고, 관계는 수렁으로 빠져들 것이다. 그것이 욕심인 줄도 모르고, 주변 사람들을 내 뜻대로 움직이려고 지금까지 얼마나 애썼던가. 내 뜻대로 움직여달라고 애원하면서 너도나도 힘든 시간을 얼마나 오랫동안 견뎌왔던가.

엄마들은 "우리 애는 내 말을 너무 안 들어요. 자기 하고 싶은 대로만 하려고 해요"라고 하소연한다. 아이가 잘됐으면 하는 마음, 아이에게 자신의 말이 권위 있게 접수되길 바라는 마음에서 하는 말이다. 그러나 한 번만 더 생각해보면 아이들이 부모 말을 안 듣는 것은 당연하다는 걸 알게 된다. 아이에게는 자기만의 감정과 욕구가 있기 때문이다. 아이뿐 아니라 모든 인간이 그렇다. 모든 인간은 자기 빙산 속에 있는 기대와 욕구를 충족시키기 위해 행동한다. 아이에게는 엄마의 욕구를 충족시켜줘야 할 의무가 없다. 엄마의 감정과 욕구는 엄마의 책임이며, 엄마의 욕구대로 행동하지 않는다고 해서 아이가 비난받을 이유는 없다. 비난 대신 우리가 할 일은, 기대하는 바를 아이가 할 수 있는 수준으로 명확하게 표현하는 것이다.

"벗은 옷은 세탁기에 넣어주면 좋겠어. 방바닥에 널린 옷을 주워다 세탁하려면 엄마 힘들거든."

'비폭력 대화'의 창시자 마셜 로젠버그 Marshall B.Rosenberg는 고통은 다른 사람의 행동에서 오는 것이 아니라 '내 머릿속에 있는 인상과 그 행동에 대한 나의 기대, 그리고 욕구와 좌절'에서 온다고 했다. 그러니 화가 날 때는 자극을 제공한 아이를 혼낼 것이 아니라 아이에 대한 나의 선입견(오해), 아이에게 가졌던 나의 기대, 그리고 나의 좌절된 욕구가 있는지 살펴볼 일이다.

"왜 엄마 말대로 안 해?"라고 아이를 다그칠 것이 아니라 "다음에 길을 건널 때는 파란불인지 꼭 확인해야 해. 할 수 있겠니?"라고 말하면 된다. "밥을 도대체 몇 시간을 먹는 거야! 너 때문에 미치겠다!"가 아니라 "밥은 앞으로 10분 안에 다 먹자. 너무 오래 먹으면 식어서 맛이 없어. 그리고 엄마도 뒷정리하고 쉬고 싶어"라고 자신이 원하는 바를 말해줘야 한다.

화는 나의 욕구에서 온다는 사실, 그러기에 화에 대한 책임은 상대방이 아니라 나에게 있다는 사실이 어쩌면 아주 낯설게 느껴질 것이다. 그러나 이 진실을 받아들이지 않고 화의 원인을 계속 바깥에 둔다면, 화에서 벗어날 길은 없다. 상대를 내 뜻대로 바꿀 수는 없기 때문이다. 다행히, 화의 원인이 상대가 아닌 나에게 있기에 화를 해결할 방법도 내 안에서 찾을 수 있다. 아이의 잘못을 지적하는 방향이 아니라 엄마 자신의 욕구를 찾는 방향으로 화를 활용하면, 화가 날 때마다 자신이 무엇을 원하는지를 알 수 있다.

나를 무시하는 남편 때문에 열 받아요

➡ 화는 '해석'에서 옵니다

선미 씨는 아이가 아플 때면 남편과 자주 싸웠다. 그녀는 아이에게 되도록 약을 먹이지 않는 것이 좋다고 믿는 반면 남편은 아프면 빨리 병원 가서 치료를 받아야 한다고 믿었기 때문이다. 둘은 아이가 열이 날 때면 여지없이 '좀 두고 보자'와 '당장 병원에 가자'라는 대립되는 의견 속에 '내가 맞다', '네가 틀렸다' 하며 서로를 비난했다.

그때마다 선미 씨는 무시당한다는 생각에 화가 났고 "왜 날 무시하는 거야!"라고 소리를 질렀다. 그러면 남편은 "내가 언제 무시했다고 그래!"라고 되받아쳤다. 아이에 대한 이야기는 사라지고 대화의 초점이 '무시'로 옮겨간 것이다. 선미 씨는 남편이 자기를 무시한 것을 증명하려 하고, 남편은 무시하지 않았음을 증명하려 한다. 평행선은 좀처럼 좁혀지지 않는다. 선미 씨는 확신하고 남편은 부정하는 무시, 이게 어찌 된 일일까?

외부에서 일어나는 일에 대해 사람은 세 가지 차원으로 지각한다. 첫째는 물리적 차원으로, 다섯 가지 감각을 통해 지각한다. 보고 듣고 냄새 맡고 맛보고 만져서 아는 것이다. 눈, 귀, 코, 입, 피부 등 신체 감각을 활용하는 차원이다. 두 번째는 정서적 차원이다. 무언가를 보거나 들었을 때 우리 안에는 정서(감정, 기분, 느낌 등)가 일어난다. 슬프거나 기쁘거나 화나거나 불안함을 느낀다. 세 번째는 정신적 차원이다. 외부 자극에 대해 생각하고 판단하고 분석하고 계획하고 평가하고 기억을 회고하고 미래를 상상하는 차원이다.

<인간 지각의 세 가지 차원>

· **물리적**: 오감으로 관찰하는 영역

· **정서적**: 보고 들은 결과가 몸과 마음에 일어나는 반응

· **정신적**: 보고 들은 것에 대해 해석하고 판단하는 영역

세 영역 중 '정신적 영역'이 가장 익숙하고 빠르게 등장한다. 물리적 · 정서적 영역에서의 지각은 상대적으로 적다. 즉, 바깥에서

일어나는 일에 대해 우리는 있는 그대로 관찰하고 가슴으로 느끼기보다는 자기식으로 해석한다. 좋다 나쁘다, 잘했다 잘못했다, 옳다 그르다 등으로 가치 판단을 한다. 이 해석은 욕구 충족 여부에 따라 생기기도 하고, 살면서 겪어온 경험들을 통해 쌓인 신념에서 오기도 한다. 이 생각들이 감정에 직접적인 영향을 미친다. '옳다, 좋다, 잘했다'라고 평가하면 좋은 감정이 생기고, '나쁘다, 잘못했다, 그르다'라고 평가하면 부정적 감정으로 이어진다. 해석과 판단을 하는 것 자체는 문제가 없다. 그러나 자기만의 해석과 판단을 '객관적'이라고 고집하거나 상대방도 내 해석과 판단에 동의할 거라고 예측하면, 거기서 불통의 비극이 시작된다.

선미 씨가 말한 '무시' 역시 해석이다. 즉 남편이 어떤 행동을 했는데 그 행동에 '무시'라는 딱지를 붙인 것이다. 선미 씨가 '무시'라고 부른 남편의 행동은 실제 이런 것이다. 듣다 말고 끼어들어 자기 말하기, "됐고, 내 말 들어"라고 단칼에 자르기, 대화하다가 자리를 떠서 방으로 들어가기 등이다. 그런 행동을 볼 때마다 선미 씨는 무시당한다는 생각이 들었고, 이 생각은 그녀를 화로 이끌었다.

'무시'가 선미 씨만의 주관적 해석이라는 걸 받아들인다면(물론 선미 씨의 해석에 동의하는 사람도 많겠지만), 얼마든지 다른 관점에서의 해석도 가능하다는 걸 알 수 있다. 이를테면 남편은 '무시가 아니다'라고 주장하고 있다. '무시'가 아니라면 왜 남편은 끼어들어 자기 말만 되풀이하고, 중간에 자리를 떴을까?

남편의 심정 속으로 들어가 보자. 남편 입장에서는 대화가 잘 풀리지 않으니 답답했을 수도 있고, 아이가 더 아프면 어쩌나 걱정되고 조급한 마음이 들어서 자신이 믿고 있는 지식을 강력하게 주장한 것일 수도 있다. 또는 자기주장을 존중받고 싶은데 안 되니 자존심이 상했을 수도 있다. 아니면 단순히 오랜 습관일 수도 있다. 무시라고 단정 짓기 전에 남편이 그런 말과 행동을 하게 된 배경을 찾아보는 것만으로도 화는 한결 꺾인다.

원희 씨가 좋은 사례다. 그녀의 남편은 말이 없어도 너무 없는 사람이다. 온종일 같이 있어도 열 마디 이상을 안 한다. 연애 기간이 짧았던지라 그렇게나 말이 없는 사람인지는 결혼을 하고서야 알았다. 결혼 초기에는 그래도 괜찮았다. 원희 씨도 일을 했고, 아이들 돌보고 바깥일 하는 것으로도 바빴기에. 문제는 원희 씨가 육아에 집중하기 위해 일을 그만두면서부터 생겼다.

대화 상대가 없어진 원희 씨는 종일 남편을 기다렸다. 저녁을 차리고 식탁에 마주 앉아 하루 동안 있었던 일을 미주알고주알 털어놓기를 반복했다. 하지만 남편의 침묵은 계속되었고, 대화를 나

뉘보려던 원희 씨의 노력도 힘을 잃어갔다.

그러던 어느 날, 그날도 혼자 열심히 떠드는데 '이게 뭐 하는 짓인가' 싶었다. 급기야 한마디 대꾸도 없던 남편이 자기 식사 마쳤다고 그릇을 들고 혼자 일어나버리는 게 아닌가. '사람을 무시해도 어쩜 이렇게 무시하나. 내가 무슨 투명인간이야?' 싶은 생각에 서러움이 밀려들었고 급기야 눈물이 났다. 펑펑 우는 아내를 달래주지도 않고 남편은 조용히 방으로 들어갔다. 식탁에 혼자 남은 원희 씨는 한참을 울었다고 한다. 아내가 울어도 "울지 마"라는 말 한마디 없는 남편, 도대체 그는 왜 그런 걸까?

원희 씨가 남편의 침묵을 이해하게 된 건 시어머니께 남편의 어린 시절 이야기를 듣고서였다. 맞벌이로 바빴던 시부모님은 첫아들인 원희 씨의 남편이 돌도 되기 전에 시골 할머니 댁으로 보냈다고 한다. 부모님의 애틋한 정을 느낄 새가 없었던 것이다. 그러다 밑으로 동생 둘이 태어나고 어머니가 일을 그만두게 되면서 일곱 살 즈음 집으로 데려왔는데, 안 온다고 할까 봐 사전 설명 없이 무턱대고 서울로 데려왔다고 한다. 영문도 모른 채 낯선 부모님과 동생들에 둘러싸이게 된 이 일곱 살 아이는 온종일 대문 앞에 앉아 두리번거렸다. 할머니 할아버지를 찾느라 말이다. 먹지도, 씻지도 않고 눈만 뜨면 대문 밖으로 나가 서 있었다. 하지만 아무리 기다려도 할머니 할아버지가 나타나지 않자 4일째 되는 날 일어나 집으로 들어왔다. 포기한 것이다. 그때부터 아이는 입을 닫아 버렸다.

남편의 침묵은 원희 씨를 무시한 게 아니고, 아주 오랜 습관일 뿐이었다. 게다가 그 습관은 상처에서 비롯된 것이었다. 부모님과 생이별을 하며 지내야 했던 상처, 자신을 살뜰히 보살펴주던 할머니 할아버지와 제대로 인사도 나누지 못한 채 갑자기 헤어져야 했던 아픔 말이다. 남편의 역사를 들은 원희 씨는 한참을 울었다. 집 앞에서 하염없이 기다리다가 마음을 접고 입을 닫은 일곱 살 남편이 가여워서. 원희 씨는 이제 더는 남편의 침묵에 화가 나지 않는다. 오히려 연민이 커졌다.

나에게도 비슷한 사례가 있다. 나는 남편이 "이제 좀 푹 쉬어"라는 말을 할 때마다 화가 나곤 했다. 누군가는 "그런 남편이 어딨어. 좋은 남편이네"라고 하는데 실상은 전혀 그렇지 않았다. "일이 널려 있는데 어떻게 쉬어. 좀 도와주든가", "쉬란 말 좀 그만해. 나 이미 쉬었어"라는 대꾸가 먼저 나왔다.

어느 날 문득 '그 말에 왜 짜증이 날까?' 하고 의문이 들었다. 곰곰이 생각해보니, '쉬어'라는 말이 나에겐 "뭘 대단한 걸 한다고 그리 동동거리고 다녀. 괜히 시간 낭비 말고 차라리 그 시간에 그냥 놀아라"로 자동 변환되어 들리고 있었다. 문득 20대 초반에 친구가 내게 했던 말 "넌 열심히는 하는데 성과가 없는 것 같아. 헛똑똑이 아냐?"도 떠올랐다. 그때 얼마나 속상했는지도 기억이 나면서 내 아픈 경험 때문에 남편의 말을 곡해하고 있었음을 알게됐다. 나의 해석이었음을 분명히 알아차리고 나니 이젠 남편이 쉬라는 말을 하면 있는 그대로 들을 수 있게 됐다. 당연히 화도 나지 않을뿐더러 이젠 이렇게 대꾸한다.

"나 좀 쉬고 나올 테니까, 자기가 저녁 설거지 좀 할래요?"

스토아 철학자 에픽텍투스Epictectus는 "사람은 사물에 영향을 받는 것이 아니라 그 해석에 영향을 받는다"라고 했다. 아이의 어떤 행동에 대해 넘겨짚고 확대 해석할 때 화가 난다. 해석은 순식간에 일어난다. 그래서 화가 상대방 때문인지 나만의 해석 때문인지 분간하기란 쉽지 않다. 그래서 시간이 필요하다. 지레짐작으로 넘겨짚을 것이 아니라, 실제 발생한 일이 무엇인지 '사실'을 확인할 시간 말이다. 나아가 상대의 순수한 의도와 심정을 헤아릴 시간이기도 하다. 상대가 한 행동의 심리적 배경을 무시하고 나에게 익숙하고 당연한 방식으로 해석해 믿어버리는 건 화를 자초하는 일이다.

2장

화를 제대로
표현하는 법

화가 나서 미칠 것 같을 땐 어떻게 해야 하나요?
➡ 화를 내고 나면 속은 시원하지만 뒷수습이 힘들어요

분노가 쓰나미처럼 밀려올 때 그대로 표출하는 게 좋을까, 허벅지를 찌르며 꾹욱 참는 게 좋을까? 아니면 다른 더 좋은 방법이 있을까? 학자들이 분노를 연구하기 시작한 것은 불과 30여 년 전이다. 분노는 오랜 세월 통제와 금기의 대상이었지 탐구의 대상이 아니었다. 그러기에 분노 대처법에 대한 연구도 역사가 그리 오래되지 않았다.

이전에는 부정적 감정을 마음껏 분출하는 것이 좋다고 믿었다. 그래서 심리치료 현장에서도 화가 나면 소리를 지르고 욕설을 하고 샌드백을 때리고 물건을 던지게 했다. 최근 이색 데이트 코스이자 스트레스 해소 공간으로 알려진 '분노방'도 그런 의도로 만들어졌다. 일정 비용을 지불하면 10분에서 15분 동안 그릇과 가전제품 등을 마음껏 부술 수 있는데 물건을 부수면서 스트레스를 날려버리라는 것이다.

그러나 화를 분출하면 화가 해소된다는 주장은 이미 폐기된 이론이다. 2002년 오하이오 주립대학의 심리학자 브래드 부시먼Brad Bushman의 실험이 이 이론의 폐기에 거의 결정적인 역할을 했는데, 실험은 이랬다. 각기 300명씩을 모아 '왜 낙태에 반대하는지' 글을 쓰게 한 후 그 글에 대해 다른 참가자들 앞에서 "내가 읽은 글 중 최악이다"와 같은 모욕적인 평가를 했다. 그런 다음, 세 집단으로 나누었다. 첫 번째 집단에게는 아무것도 하지 않고 가만히 있으라고 하고 두 번째 집단에게는 권투 글러브를 주고 모욕을 한 사람의 사진을 힘껏 내려치라고 했다. 세 번째 집단에게도 글러브를 주긴 했지만 건강에 좋은 운동이라 생각하고 샌드백을 치라고 했다.

그들의 공격성에 어떤 변화가 있었을까? 우선 쉽게 예측할 수 있는 것처럼 두 번째 집단의 공격성이 가장 높게 측정됐다. "화가 날 때 압박감을 방출하는 방법은 불에 기름을 붓는 것과 다르지 않다. 불길에 영양을 공급할 뿐이다"라는 게 그의 결론이다. 부정적인 감정은 공격적 배출을 통해 사라지는 게 아니다. 흥미로운 사실은 운동이라 생각하고 샌드백을 친 집단의 공격성도 비슷하게 높게 나왔다는 점이다. 즉, 샌드백을 치는 행위 자체가 신체의 흥분도를 높이고, 그 순간의 지배적인 감정을 두드러지게 해서 사람을 공격적으로 만든 것이다.

화를 내면, 그 순간 자신이 힘 있는 사람이 된 것 같은 느낌이 든다. 나는 이것을 생생히 경험한 적이 있는데, 몇 년 전 아파트 경비 아저씨와 있었던 일이다. 집에 문제가 생겨 급하게 경비실로 내려갔는데 경비 아저씨가 보이질 않았다. 마음이 급해서 전화를 걸어도 연결되지 않아 아이 손을 끌고 단지 내를 휘젓고 다니다 몇 분 만에 만났다. 반가움 반, 원망의 마음 반에 경비 아저씨에게 "전화를 안 받으시네요. 많이 찾아다녔어요"라고 말했더니, 아저씨가 대뜸 "아니 그럴 수도 있지, 왜 화를 내요?"라고 했다. 그 말을 듣자 솟아오르는 화를 참을 수가 없어 소리를 질렀다. "제가 언제 화를 냈다고 그래요? 전화를 안 받으신 건 아저씨면서 지금 왜 저에게 큰소리세요?" 순간, 나는 말할 수 없는 후련함을 느꼈다. 신중하고 섬세한 성격에 누군가에게 큰소리 내본 적이 별로 없었던지라 속이 뻥 뚫리는 느낌이었다. '난 그렇게 만만한 사람이 아니야'라고 행동으로 보여준 것 같아 자랑스러웠다.

분노는 순식간에 아드레날린을 분비시켜 초인적인 힘과 끈기를 끌어내며, 그와 동시에 통증 감각을 줄여주어 상대를 공격하게 한다. 긴장이 완화된 상태에서는 절대 할 수 없는 일을 분노는 가능케 한다. 더불어 분노를 발산하는 것으로 '나의 운명을 내 손아귀에 넣었다'라는 유쾌한 감정을 동시에 느끼게 된다. 그래서 분노는 원시 시대부터 생존에 중요한 기능을 했다. '도망치기', '죽은 척하기'와 더불어 치명적 공격에 대처하는 세 번째 생존 전략이었다.

그러나 부작용이 있다. 순간적인 유능감에 자주 화를 내다가는 분노에 중독된다는 것이다. 자기 감정에 취해 남이 상처를 받든 말든 불쑥 화를 내는 것도 습관이 된다. 가까운 사이가 아니라면 안 보면 그만이지만, 가까운 사이에서 반복되는 분노는 상처를 남긴다. 너에게 준 상처는 결국 나에게 돌아온다. 너와 나는 연결되어 있기 때문에 네가 아프면 결국 나도 아프게 된다.

그리고 분노는 우리 몸에 여진을 남긴다. 분노를 분출하는 것은 10~20분 정도지만 한번 분출시키고 나면 신체는 여섯 시간이 지나야 균형을 되찾는다. 나 역시 경비 아저씨와 몇 분 안 되는 언쟁을 벌였을 뿐인데 이후 한나절 이상을 씩씩대고서야 겨우 진정이 됐다. 화를 내는 것은 화를 키우는 일이다. 내 입에서 나가는 거친 말들이 내 귀로 다시 들어오면서 스스로 설득되고 더 화가 난다. 화난다고 화를 내면 불난 데 부채질을 하는 것과 같다.

인간의 뇌는 생명뇌, 감정뇌, 생각뇌 등 3개의 차원으로 되어 있는데 분노할 때는 이 중 감정뇌가 활성화된다. 감정뇌가 발동했을 때는 사고하고 분석하고 계획하고 예측하는 등의 고차원적 사고를 담당하는 생각뇌가 멈춰 있는 상태다. 이성적으로 대처하려면 우선 감정뇌가 진정될 때까지 기다려야 한다.

화가 가장 빠르게 드러나는 곳은 바로 우리의 '몸'이다. 화가 날 때 우리 몸은 이렇게 변한다.

＜화가 날 때 우리 몸의 변화＞

· 눈썹이 이마 중간을 향해 아래로 눌린다. 아래 눈꺼풀은 눈의 안쪽 중앙을 향해 끌어 올려진다.

· 입술이 붉어지면서 얇아진다.

· (혈관 팽창으로) 얼굴이 시뻘게진다.

· 심장이 두근거린다.

· 몸의 근육이 긴장한다.

· 팔에 힘이 많이 들어가고 주먹을 불끈 쥐게 되기도 한다.

· 너무 화날 때는 주먹이 바르르 떨린다.

· 호흡이 가빠지고 심장박동이 증가하며 혈압도 상승한다.

· 소화 기능이 일시적으로 저하된다.

화를 진정시키는 가장 효과적인 방법은 신체의 변화를 있는 그대로 관찰하는 것이다. 그 자리에서 정지한 상태로 얼굴, 손발, 가슴, 머리에 어떤 일이 일어나는지 느껴보자. '이마가 뜨끈해지네', '목덜미가 좀 당기는 것 같아', '발가락이 바닥을 움켜쥐네', '입술을 깨물게 되네' 등. 그렇게 관찰하는 동안 외부 상황에 대한 왜곡된 해석과 판단이 진행을 멈추고 '지금 여기'에서 일어나는 일을 생생히 경험할 수 있다. '너무 화내지 말자'라는 인지적 접근보다 오히려 빠르고 확실하게 감정이 진정될 것이다. 이와 비슷한 방법으로는 심호흡을 하면서 호흡의 들고 남을 관찰하는 것도 있다.

좀 더 손쉬운 방법은 화를 식힐 직접적인 행동을 하는 것이다. 자극을 준 상대방과 거리를 확보하기 위해 일단 그 자리를 뜨는 것이 좋고 창문 열고 찬바람 쐬기, 찬물로 세수하기, 차가운 물 마시기 등의 방법도 있다. 화는 보통 3분에서 5분, 길어야 15분에서 20분 정도 지속될 뿐이므로 그 시간만 넘기면 된다. 이렇게 해서 급한 불을 껐는데도 화가 남아 있다면 다른 곳으로 관심을 돌려보자. 친한 친구와 수다 떨기, 목욕하기, 음악 듣기, 명상, 산책, 달리기 등의 방법이 있다. 좀 더 차분하게 살펴보고 싶다면 현재 자신의 마음을 종이에 휘갈기듯 써보는 것도 좋다.

여러 방법을 직접 해보고 그중 자신에게 효과가 있는 방법을 찾자. '화를 내고 있구나'를 알아차리기만 해도 감정 조절 절반은 성공한 셈이다. 화 알아차리기를 습관화하고 싶다면 화를 진정시키는 데 효과적인 문구를 집안 곳곳에 붙여두는 것도 좋다. 예를 들어 '화날 땐 심호흡 5회', '3분이면 지나간다' 등을 눈에 잘 띄게 붙여놓자.

화는 나의 것이므로 스스로 해소해야 한다. 내 화의 희생양이 되어도 좋을 사람은 세상에 없다. 화가 날 때 진정시킬 수 있는 자신만의 방법을 꼭 찾아두자.

화나면 꼭 후회할 말을 해버려요
➡ 말하기 전에 화난 상황을 복기하세요

병원 엘리베이터 앞에서 울먹이는 아들과 화난 엄마를 보았다.

"네가 그렇게 심하게 우니까 의사 선생님이랑 간호사들이 힘들어하잖아. 아휴, 창피해서 정말⋯."

"무서워. 병원 싫어."

초등학교 2학년쯤 되어 보이는 아이가 발을 동동 구르며 울면서 엄마에게 무섭다고 하소연한다.

"뭐가 그렇게 무섭다고 그래. 아프면 치료를 받아야지, 남자애가 말이야. 나이도 이렇게나 먹었는데 그 정도 치료도 못 받아?"

팔짱을 끼고 아이를 내려다보는 엄마의 눈초리가 매섭다. 냉랭한 채로 몇 분이 흘렀다. 급기야 아들이 묻는다.

"엄마, 엄마는 내가 그렇게 싫어? 나 사랑 안 해?"

엄마의 화가 계속되니, 아들은 엄마의 사랑이 미심쩍었나 보다.

이제 엄마의 답변이 중요하다. 아무리 화가 났더라도, 관계의 기반을 뒤흔드는 이 질문에는 현명하게 답변해야 한다. 하지만 화는 그 정도의 이성마저 거둬가 버렸다. 엄마는, 잠시의 침묵 후, 여전히 고압적인 자세로 외쳤다.

"네가 이렇게나 엄마를 못살게 구는데, 당연히 싫지!"

엄마의 사랑을 확인하고자 했던 아이의 간절한 열망은 싸늘히 식어버렸다. 이 순간이라도 "무슨 말이야, 싫어하긴. 엄마가 잠시 화가 나서 그러는 거지"라고 말했더라면 적어도 아이의 의심은 녹여줄 수 있었을 텐데 안타깝다. 엄마는 아이가 치료를 받게 이끌지도 못했고, 아이와의 관계에도 생채기를 냈다.

화가 나는 것과 화를 내는 것은 다르다. 화는 감정이기에 선택의 여지가 없지만 화를 내는 것은 행동이기에 선택할 수 있는 영역이다. 모든 행동에는 달성하고자 하는 소기의 목적이 있다. 목적 없이 하는 행동은 없다. 화를 낼 때 역시 마찬가지다.

엄마들이 화를 낼 때 그 안에 숨겨진 긍정적 의도는 보통 두 가지다. 첫 번째는 아이의 문제 행동을 교정함으로써 아이가 바르게 커나가도록 이끌기 위함이다. 아이의 문제가 크고 시급하게 느껴질수록, 엄마의 화도 커지고 표현도 거칠어진다. 아이의 잘못된 행동을 당장 중지시키고자 그만큼 표현을 세게 하는 것이다. 두 번째는 엄마 자신을 보호하기 위함이다. 타인이 자신의 영역을 수시로 무례하게 침범한다면, 그로 인해 자기만의 공간과 시간을 충분히 가질 수 없다면 누구나 화가 나게 마련이다. 그것은 상대가 '내 아이'라도 마찬가지다. 아이를 아무리 사랑한다고 해도 엄마도 사람이기 때문에 최소한의 시간과 공간마저 침범될 때는 화가 난다. 특히 피곤하고 지칠 때는 평소 아무렇지 않던 행동까지 거슬린다. 그럴 때 나 자신이 휴식과 안정을 얻고 편안해지기 위해서 화를 낸다.

중요한 것은 화를 냄으로써 애초의 긍정적 의도가 달성됐는가 하는 것이다. 잠깐 눈을 감고 최근에 아이에게 화냈던 상황을 한 번 떠올려보자.

- 무엇 때문에 화가 났던가?
- 화를 냄으로써 무엇을 전달하고자 했나?
- 그 대화의 결과 아이가 받은 메시지는 무엇인가?
- 전달하고자 하는 메시지와 전달된 메시지가 일치하는가?
- 의도대로 전달하지 못했다면 이유는 무엇인가?

아마도 이 질문에 제대로 답하는 사람이 많지는 않을 것이다.

화가 나면 그냥 내고 말 뿐 곰곰이 성찰하는 일은 드물기 때문이다. 성찰하지 않은 화는 반복된다. 잠든 아이 곁에서 낮에 버럭한 걸 후회하고 다시는 그러지 않겠다고 다짐해도 다음 날 또 화를 내는 것은, 자기 비난만 했지 제대로 성찰하지 않아서다. 이제는 달라져야 한다. 아이와 나를 더 괴롭힐 수는 없지 않은가?

위 그림처럼 화가 나는 시점과 화를 내는 시점 사이에 빈틈이 전혀 없다면 뒤늦게 후회하는 일이 잦을 것이다. 후회 없는 화 표현을 위해서는 화를 내기 전에 반드시 화가 난 이유를 파악해야 한다. 나는 이것을 '복기'라고 부른다. 복기란 바둑에서 한번 두고 난 바둑의 판국을 비평하기 위하여 두었던 대로 처음부터 다시 놓아보는 행위다. 즉, 화를 복기한다는 것은 화를 냈을 때의 상황을 리플레이해보는 것이다. 그 상황에서 무엇이 나의 화를 자극했는지, 그때 내 안에서 일어난 일은 무엇이었는지 꼼꼼히 살펴보는 자기공감의 과정이다.

이 작업을 스스로 반드시 해봐야 하는 이유는, 외부 자극에 대한 반응은 지극히 개별적이기 때문이다. 같은 자극에도 사람마다 다른 감정, 다른 반응을 보인다. 같은 사람이라도 같은 자극에 다른 감정, 다른 반응을 보이기도 한다. 그러니 '나는 왜 저 상황에 화가 났을까?'라는 질문에 답하는 건 자기만이 할 수 있다.

문제가 된 아이의 행동 대신에 내가 기대한 행동은 무엇인지, 내 몸이 피곤하고 지쳐서 화가 난 것은 아닌지, 또는 다른 스트레스(남편 문제, 돈 문제, 집안 문제, 직장 문제 등)로 아이의 별것 아닌 행동이 괜히 거슬리는 건 아닌지 '화가 난 진짜 이유'를 찾아봐야 한다. 이렇게 복기의 과정을 통해 진짜 감정과 진짜 욕구를 파악하고 나면 화가 절반 정도는 누그러진다. 내 심정을 내가 알아줬기 때문이다. 아직 문제가 해결되지 않았더라도 부정적 감정은 공감받는 것만으로도 가벼워진다. 상대에게 표현하는 것은 이렇게 스스로 정리된 상태에서 하는 것이다. 그래야 상대를 내 감정의 하수구로 삼지 않을 수 있다.

병원 앞에서 아이를 혼낸 엄마의 마음을 복기해보면, 엄마는 의젓하게 치료받지 못한 아들에게 실망했다. 한편으로는 병원에서 소란을 피운 것이 미안하고 부끄러웠을 것이다. 엄마는 남들에게 해를 끼치지 않고 신속하고 조용하게 치료를 마친 후 기분 좋게 집으로 돌아가고 싶었을 것이다. 엄마의 내면에는 '아파도 참아야 해', '남자라면 의젓해야지'라는 오래된 신념도 있는 것으로 보인다. 그렇다면 아이에게 이렇게 말했다면 어땠을까?

"엄마는 공공장소에서 다른 사람에게 피해를 주고 싶지 않아. 그러니 아프더라도 용감하게 치료를 마치자. 치료를 받아야 아픈 것도 낫지."

아이에게 실망하고 화가 났을 때 자신의 속마음과 잠깐이라도 접속해보면, 일방적으로 혼내고 비난하고 조롱하는 말을 내뱉지 않을 수 있다.

복기할 때 주의할 점은 자기 비난으로 빠지지 않는 것이다. '그렇게 심한 말을 하다니, 난 엄마될 자격이 없어'라는 생각이 든다면 복기가 아니라 자기를 괴롭히는 것이다. 복기의 핵심은 '나에게 그때 필요했던 건 뭐지?'에 대한 답을 찾는 것이다. '그때 채워지지 않았던 절실함이 무엇이었길래 그렇게 화가 났을까?'에 대해서 철저히 자신의 변호사가 되어 답해보는 것이다.

그에 대한 답을 찾고 나서 마음이 내키면 상대방의 심정도 복기해보자. 내 화를 자극한 상대방 행동의 이면에는 어떤 긍정적 의도가 있었을지 찾아보는 것이다. 아이도 남편도 나를 괴롭히려고 그런 행동을 하는 것이 아니다. 자기에게도 필요한 것이 있어서 그런 것이다. 그것이 내 필요와 달랐을 뿐.

화코칭 워크숍에서 이 작업에 참여한 한 엄마의 사례가 기억난다. 그분은 어린이집 교사였는데 초등학교 3학년인 딸에게 매일 3~4시면 전화가 와서 화가 난다고 했다. 그 시간대면 한창 바쁠 때인데 딸이 전화를 붙잡고 놓아주질 않으니, 처음엔 "엄마 이제 일하러 가야 해. 저녁에 만나서 이야기하자"라고 좋게 타일렀는데 이젠 전화만 울리면 짜증이 솟구친다고 한다. 아이가 전하는 이야기는 별것도 없었다. 바빠 죽겠는데 아이의 시시콜콜한 이야기를 듣고 있으려니 왜 화가 안 나겠는가.

그 순간에 엄마의 진짜 감정과 필요(욕구)를 찾아보았다. 엄마는 화가 난 게 아니라 초조하고 조급한 감정이 컸다. '빨리 일하러 가야 하는데', '다른 선생님들이 싫어할 텐데', '애들이 기다리는데' 등의 생각에 딸아이 말이 귀에 들어오질 않았다. 이런 감정이 드는 이유는 이 엄마에겐 '직장에서 자기 역할에 책임지는 것'이 중요하기 때문이다.

자신의 감정과 욕구를 복기해본 다음 딸의 빙산 속으로도 들어가 보았다. 딸은 왜 그런 행동을 하는 걸까? 심심해서? 엄마를 괴롭히려고? 테이블 위에 늘어놓은 욕구 카드를 죽 훑어보더니 이 엄마는 '사랑·관심' 카드를 집어 들었다. 그 카드를 내보이는 엄마의 눈에는 벌써 눈물이 그렁그렁했다.

"귀찮고 짜증만 났었는데, 생각해보니 저희 아이가 엄마의 관심을 받고 싶어서 그랬던 것 같아요."

마음속 진흙탕이 가라앉은 상태에서 나와 상대의 마음을 복기해보면, 나와 네가 진짜 원하는 것을 알 수 있다. 알고 나서 하는 대화는 흙탕물 일렁이는 상태에서 하는 대화와 차원이 다르다. 물론 복기한다고 해서 당장 나의 진짜 마음을 알 수 있는 건 아니다. 그래도 시간을 두고 마음을 보자. 가슴속에서 치고 올라오는 화를 벌컥 쏟아붓지 말고, 잠깐의 여백을 가지는 것만으로도 소중한 관계를 지킬 첫걸음을 뗀 것이다.

아이에게 자꾸 협박하고 강요하게 돼요

➡ 아이의 욕구도 나의 욕구만큼 중요해요

엄마: 이제 우리 갈 시간이야. 봐봐. 친구들도 이제 다 가잖아?

준영: 싫어! 아직 다 못 놀았어.

엄마: (잠시 후) 우리 진짜 가야 한다니까. 가서 밥 먹어야지.

준영: 5분만 더 놀면 안 돼? 5분만.

엄마: (잠시 후) 5분 지났어. 이제 가자. 마지막이라고 했지? 빨리 가자.

준영: ….

엄마: 가자니까. 빨리 와! 엄마 먼저 간다.

준영: (짜증 내며) 좀만 더 놀래. 제발. 얼마 못 놀았어!

엄마: 좀만 더 놀겠다는 게 몇 번째야. 몰라! 엄마 먼저 간다. 혼자 놀아.

준영: 왜 맨날 엄마 맘대로만 해. 엄마 미워!

엄마: 언제 엄마 맘대로만 했어! 지금까지 네 마음대로 계속 놀아놓고!!

　　　넌 왜 이렇게 약속을 안 지켜! 지금 안 가면 오늘은 초콜릿 없어!

놀이터에서 하루 한두 번씩은 목격하는 장면이다. 때론 내 아이가, 때론 남의 아이가. 결국 아이는 "엄마 나빠"를 외치면서 입 툭 튀어나온 채로 엄마 손에 이끌려 가거나, 초콜릿 생각에 마지못해 따라나선다. 엄마는 몇십 분에 걸친 실랑이로 기운이 빠져 집에 가서 밥 차리기가 싫어진다. 재촉하기, 상이나 벌로 회유하기, 그래도 안 되면 화내고 혼내기는 아이 키우는 집이라면 늘 있는 일이다. 아이가 떼를 부릴 때 기분 상하지 않고 '대화'로 푸는 방법은 없을까?

두 사람만 모여도 각기 원하는 것이 다르다. 각자 감정과 욕구를 가진 개별적인 인격체이니 당연한 일이다. 욕구가 다를 수밖에 없음을 받아들인다면 두 가지 다른 욕구를 어떻게 조화시킬 것인지가 관건이다. 둘 다 만족할 만한 방법을 찾아내는 것이 관계의 기본이다. 그러나 대부분 어른은 '애가 뭘 알겠어', '내가 어른이니까 가르쳐줘야지', '어떻게 원하는 걸 다 하면서 살아', '애 버릇 나빠져서 안 돼'라는 생각으로 자신이 정한 방향으로 아이를 이끌고 간다. 따라오지 않으면 '고집쟁이', '욕심쟁이'라는 꼬리표를 붙이면서 자신이 생각하는 쪽으로 더 강하게 끌어당긴다. 그러다가 힘이 떨어지면, 아이 쪽으로 끌려가거나 줄을 놓아버린다.

엄마와 아이가 힘겨루기를 할 때 엄마가 아이 쪽으로 끌려간다면 엄마의 기준과 욕구는 채워지지 않을 것이고, 반대로 아이를 엄마 쪽으로 끌어당긴다면 아이가 속상할 것이다. 이처럼 둘 중 하나가 지는 게임은 답이 아니다. 언제나 지향점은 '상생'이어야 한다. 그러려면 붙들고 있던 줄을 내려놓고 대화를 해야 한다. 각자 어느 쪽으로 가고 싶은지를 알아야 둘 다 만족하는 지점을 찾아 손잡고 걸어갈 수 있지 않겠는가?

엄마는 집에 가야 한다고 하고 아이는 집에 가기 싫다고 하는 상황, 평행선처럼 팽팽한 이 둘의 대화에서 절충안을 찾을 수 있을까? 초콜릿으로 회유하거나, 다시는 놀이터에서 못 논다는 과장된 협박 없이 말이다. 자주 접하게 되는 상황이지만 겉으로 표현된 말만 들어서는 딱히 해법이 없어 보인다. 중요한 것은 말로 표현되지 않은 핵심 욕구를 찾는 것이다. 핵심 욕구는 '양보와 타협이 불가능한, 반드시 채워져야 하는 필요'를 말한다. 채워지지 않으면 실망하고 절망하고 상대를 원망하게 되는 지점이 어디인가를 아는 게 중요하다.

앞의 상황에서 엄마는 '어두워지기 전에 집에 가서 아이와 둘이 제시간에 밥을 차려 먹고 너무 늦지 않게 자는 것'을 원하고 있다. 짧은 문장이지만 그 안에 여러 가지 욕구가 엿보인다. '제시간에 밥 먹기', '아이와 둘이', '늦지 않게 자기', '집밥 먹기' 등이다. 이 중 핵심 욕구는 무엇일까? 그것은 질문을 한 단계 더 해보면 알 수 있다. 바로 다음과 같은 질문이다.

"왜 그걸 꼭 해야 해요?"

질문을 하니 엄마가 이렇게 대답한다.

"아침에 적어도 8시에는 일어나야 하니까요. 비몽사몽 잠 덜 깬 애 준비시키기 너무 힘들거든요. 그러려면 제시간에 자야 해요."

대답을 들어보니, 엄마에게는 무엇보다 '제시간에 자는 것'이 중요하다. 그렇다면 다른 부분들은 고무줄처럼 융통성이 생긴다. 놀이 시간을 좀 더 주고 놀이터 근처 식당에서 밥을 먹어도 되고, 아이가 함께 놀고 싶어 하는 친구를 데리고 가서 저녁을 먹어도 되고, 제시간에 자겠다는 약속을 받고 좀 더 놀게 두어도 된다.

그렇다면 아이가 원하는 것은 무엇일까? 아이들의 욕구는 어른들에 비해 단순하고 대체로 언어로도 표현한다. 준영의 말을 다시 잘 보자. 반복적으로 '더 놀고 싶다'라고 말한다. 집에 가면서 놀든, 친구와 함께 집이나 식당에 가서 놀면서 밥을 먹든, 엄마와 함께 저녁 준비를 하면서 놀든 어쨌든 아이는 놀고 싶다. 엄마가 아이의 '놀이 욕구'를 알아차리고 존중한다면, 문제는 간단해진다. 엄마는 이렇게 말할 수 있다.

- 너무나 놀고 싶은 거지?

- 노는 게 그렇게 좋구나.

- 노는 게 정말 재미있지?

- 얼마나 놀고 싶은지 엄마도 이해돼.

그런데 만약 엄마가 이렇게 말했다고 하자.

- 이만큼이나 놀았으면 됐지, 뭘 더 놀아.

- 너는 어떻게 된 애가 허구한 날 놀려고만 하니?

- 친구들 다 들어가는데 왜 너만 계속 놀겠다는 거야.

이런 식으로 '욕구' 자체를 부정한다면 아이는 엄마에게 자신의 욕구를 이해시켜 뜻을 관철하려고 더욱 고집을 피울 것이다. 아이의 떼는 욕구가 절실할수록, 그리고 양육자에게 욕구를 존중받지 못할수록 강해진다. 반대로 아이의 욕구를 알아주면 아이들은 우선 안심을 한다. '이 사람이 내 마음을 알고 있으니 조금 시간이 늦어지더라도 해결해주겠구나'라고 신뢰하는 것이다. 그러면 절충안이 제시돼도 쉽게 마음을 연다. 그렇다 해서 아이의 욕구를 다 채워줄 필요는 없고, 그럴 수도 없다. 그러나 아이의 욕구를 정확히 파악할 필요는 있다.

욕구(열망, 바람, 필요, 가치 등)는 시대와 지역과 성별을 떠나서 누구에게나 중요하고, 누구에게나 필요한 것들이다(부록 '욕구 리스트' 참고). 욕구는 잘못된 게 없다. 욕구는 모두 아름답다. 욕구를 채우고자 하는 것은 자연스럽고 당연하다. 욕구 차원에서는 본래 갈등이 없다. 갈등이 생기는 이유는 서로의 핵심 욕구를 제대로 모르거나, 자신의 욕구를 상대에게 채우라고 강요하거나, 자기에게 편한 수단을 지금 당장 고집하기 때문이다.

극장에 가서 영화를 보고 싶어 하는 아내와 집에서 TV를 보고 싶어 하는 남편이 옥신각신하는 경우를 예로 들어보자. '영화'와 'TV'는 수단(방법)이다. 수단 이면의 핵심 욕구로 들어가 보면 아내는 영화를 통해 '재미'와 '놀이'를 원하고, 남편은 TV를 통해 '휴식'을 원한다는 걸 알 수 있다. 재미를 원하고, 휴식을 원하는 데에는 잘못된 게 없다. 그리고 둘의 욕구 중 더 우월한 것, 더 중요한 것도 없다. 그렇다면 둘 다 만족할 좋은 수단을 찾으면 된다. 집에서 영화를 보는 것은 어떨까? 아니면 한두 시간 쉬었다가 영화를 보러 가는 건? 그 밖에 재미와 휴식 두 마리 토끼를 다 잡을 다른 활동을 찾아볼 수도 있지 않을까? 둘 다의 욕구를 존중한다면, 얼마든지 창의적인 제3의 해결책이 나올 수 있다.

정리하면 이렇다.

- **핵심 욕구**: 무조건 존중
- **수단**: 대화로 절충하기

다시 앞의 상황으로 돌아가서 엄마가 이렇게 말한다면 어떨까?

"너무나 놀고 싶어서 그러는 거구나. 노는 게 얼마나 재미있는지 엄마도 알아. 그런데 이제 밥 먹을 시간이라 어떡하지? 지금 가야 밥 먹고 제시간에 잘 수 있거든. 그러니 우리 5분 뒤에 출발하자."

먼저 아이의 마음을 읽고 공감을 표현했다. 에너지가 아까보다 훨씬 부드럽다. 아이의 욕구를 마음으로 이해했기에 그렇다. 거기서 그치지 않고, 엄마의 요구가 구체적이고 명확하게 담겨 있다.

학교 들어가기 전 어린 날의 이야기다. 온 가족이 난생처음 백화점에 갔는데, 바비 인형이 눈에 띄었다. 종이 인형만 갖고 놀던 시절, 친구의 바비 인형을 보고 부러웠던 나는 백화점에서 그걸 보고 엄마에게 떼를 썼다. 못 사준다는 엄마의 손을 잡아끌며 사달라고 울었다. 그러나 엄마는 끝내 사주지 않았다. "돈 없어서 안돼. 언니랑 오빠는 얌전히 있는데 너만 왜 그래?"라고 혼을 내면서 말이다.

바비 인형을 못 받은 것보다 더 속상했던 것은 왜 내가 그것을 그토록 갖고 싶었는지 말할 기회가 없었다는 것이다. 울고 떼쓰는 내 행동 밑에 깔린 마음에 대해서 관심을 받지 못했다는 것이다. 만약 "그렇게 갖고 싶구나"라는 말 한마디만 들었더라도 "응"이라고 대답하면서 눈물이 멈추었을 것이다. "얼마나 갖고 싶은지 아는데, 사주지 못해 미안하다"라는 말을 들었더라면 어린 나이라도 엄마의 마음을 헤아리며 아쉬움을 달랬을 것이다. "지금은 돈이 없지만, 그게 그렇게 갖고 싶다면 방법을 찾아보자. 어떤 방법이 있을까?"라고 물었다면 부모님에 대해 신뢰가 생기면서 원하는 것을 얻기 위해 노력하는 법을 배웠을 것이다.

항상 기억할 것은 아이의 욕구도 내 것만큼 중요하다는 사실이다. 아이가 몸집이 작고 생각이 어리다고 해서 내 욕구를 우선시해서는 안 된다. 아이에게도 자신만의 고유한 감정과 욕구가 있다. 그것을 알아차릴수록 아이와 수평적이고 민주적인 대화를 할 수 있다. '수평적인 관계', '친구 같은 엄마'는 말로 되는 것이 아니고 행동으로 보여줄 때 만들어진다.

자존감 떨어질까 봐 훈육을 못 하겠어요

➡ 오히려 자존감을 위해 훈육이 필요해요

미희 씨는 어린이집에서 전화가 올 때마다 골치가 아팠다. 네 살 딸 소은이가 날이면 날마다 말썽을 피웠기 때문이다. 소은이는 친구를 밀고 물고 장난감을 뺏었다. 미희 씨는 점점 죄인이 되어 갔다. 하원할 때도 인사를 하는 둥 마는 둥 도망치듯 나왔다. 그러다 그날이 왔다. 원장님에게서 전화가 온 것이다.

"어머니, 제가 어린이집을 20년 넘게 운영하면서 이런 아이는 처음이에요. 그간 배운 것들 소은이한테 다 적용해봤는데도 안 되네요. 다른 데를 알아보셔야 할 것 같아요."

미희 씨는 전화를 끊고도 멍했다. 아이를 잘 키워보겠다고 지금까지 노력한 게 얼만데 이런 소리를 듣다니. 이내 눈물이 쏟아져 나왔다. 한참을 꺼이꺼이 울었다.

미희 씨는 정신을 차리고 원장님에게 전화를 해서 사정했다. 놀이치료를 받을 테니 시간을 좀 달라고. 다행히 놀이치료로 소은이의 거친 행동은 완화됐는데, 그것으로 부족함을 느낀 미희 씨는 자신도 개인 코칭을 받았다. 개인 코칭에서 자신의 육아 방식을 점검하면서 미희 씨는 자신이 아이에게 한계선을 지어주지 못했음을 발견했다. 미희 씨는 아이가 상처받을까 봐 "안 돼"라는 말을 경계했었다. 잘못된 행동을 해도 "아직 어려서 그래"라며 넘기곤 했다.

미희 씨가 그렇게 아이를 감쌌던 것은 눈만 마주치면 비난의 말을 쏟아내는 친정엄마에게 질려서였다. 아이를 가지면서부터 미희 씨는 '난 따뜻한 엄마가 될 거야'라는 각오를 다져왔다. 그 결과 미희 씨는 아이가 위험하거나 남에게 피해를 주는 행동을 할 때도 개입하기를 꺼렸고 아이에게 끌려다니는 일이 늘어났다. 그렇게 미희 씨는 점차 권위를 잃었고, 아이는 자기 기분 내키는 대로 행동하게 됐다. 미희 씨에게는 훈육법을 배우는 것이 시급했다.

그렇다면 상처 주지 않으면서도 훈육이 가능할까?

훈육 방법을 말하기 전에 훈육의 정의부터 짚고 넘어가는 것이 좋겠다. 훈육은 아이를 혼내는 것도 아니고, 생각의자로 보내는 것도 아니고, 팔과 다리를 압박하는 것도 아니다. 훈육은 '규칙을 익히도록 도와주는 것'이다. 훈육의 출발점은 사랑이며, 아이의 성장을 돕는다는 취지에 끝까지 충실해야 한다. 아이가 받는 상처는 훈육 때문이 아니고 훈육이 강압적이고 폭력적으로 이뤄지기 때문이다. 일테면 아이에게 '때리면 안 된다'를 가르치기 위해 아이를 때리기 때문에 문제가 생기는 것이다.

오히려 훈육은 아이의 자존감을 키우는 데 꼭 필요하다. 행동의 경계를 알아야 아이가 상황에 맞게 처신할 수 있고, 주변과 조화롭게 어울릴 수 있기 때문이다. 아이에게 가르칠 규칙은 가족의 문화마다 다르겠지만, 꼭 포함시켜야 하는 부분이 있다. 위험하거나 남에게 피해를 주는 행동은 하지 않도록 지도하는 것.

만약 아이가 친구를 밀었다면 어떻게 훈육하는 것이 좋을까? 아이가 친구를 밀었을 때 보통 부모들이 하는 말은 이렇다.

- 친구 밀면 돼 안 돼! 몇 번을 말하니!
- 너 이러면 경찰 아저씨한테 잡혀간다.
- 왜 이렇게 말을 안 들어. 너처럼 고집 센 애는 처음 봤다.
- 너도 친구가 밀면 좋겠어? 그러면 친구들이 너랑 안 놀 거야.
- 너 자꾸 이러면 앞으로 친구랑 못 놀게 한다.

이 말들은 아이에게 죄책감을 심어주고 겁을 줄 수는 있으나 가르침을 주지는 못한다. 우리가 바라는 것은 아이가 상처 입지 않으면서 배우는 것 아닌가. 그렇다면 세 가지를 기억할 필요가 있다.

1. 문제 행동을 사실 그대로('친구를 괴롭혔네' vs. '친구를 밀었네')

숲 놀이에서 만난 한 엄마는 이 가방 저 가방을 기웃대는 아들에게 이렇게 말했다.

"다른 사람 가방 뒤지면 안 돼!"

아이의 왕성한 호기심은 순식간에 '무언가를 찾아내려고 샅샅이 뒤지는 행동'이 되어버렸다.

중·고등학생 시절 이런 경험 있지 않은가? 엄마가 갑자기 문 열고 들어오더니 "돼지우리가 따로 없네. 넌 손이 없어? 어쩜 청소 한 번을 안 하냐"라고 타박하시던 경험. 그 말에 순순히 동의하며 "그래요, 엄마. 제가 잘못했네요"라고 할 사람이 얼마나 될까? "며칠 전에 청소했거든!" 하면서 입을 삐쭉거릴 가능성이 크다. 아니면 "또 시작이네" 하면서 뒤돌아 누울지도 모른다. 이 말이 자녀에게 가 닿지 않은 가장 큰 이유는, 이 말에 평가가 가득해서다. '돼지우리', '한 번도 안 한다' 등은 엄마의 '주관적' 평가다. 듣는 이가 동의하지 않는 평가로 이야기를 시작하면, 일단 귀가 닫힌다. 적어도 아이가 수긍할 만한 객관적 사실로 대화를 시작해야 한다.

아직 상황 판단력을 갖추지 못한 어린아이라면, 더더욱 평가를 조심해야 한다. 아이는 부모의 평가를 내면화하기 때문이다.

"어휴, 고집쟁이. 넌 왜 맨날 너 하고 싶은 대로만 하려고 해?"

이런 말을 수시로 들은 아이는 '나는 고집이 센 사람이야'라는 자아상을 갖게 된다. 사람은 자아상에 걸맞게 행동하고자 한다. 그러기에 고집쟁이라는 꼬리표를 가진 아이는 더 고집스럽게 행동한다.

친구를 민 것을 '괴롭힌다'라고 표현하면 듣는 아이는 억울할 수도 있다. 특히 친구가 자기 장난감을 빼앗았기 때문에 화가 나서 민 거라면 더더욱 그럴 것이다. 밀었을 땐 '밀었다'라고 하고, 내가 본 것과 다르게 말할 때는 "거짓말하지 마"가 아니라 "네가 엄마 지갑에서 1,000원을 빼가는 걸 보았는데 아니라고 하네"가 맞다. 그렇게 사실에 기반해서 대화를 시작할 때 아이의 귀가 열리고, 말하는 이도 객관성을 유지할 수 있다.

2. 행동의 영향 알려주기('밀면 안 돼' vs. '밀면 친구가 다쳐')

아이들은 계획적이기보다 충동적이다. 자기가 한 행동이 어떤 결과를 빚는지 예측하지 않고 순간적인 감정과 욕구대로 행동한다. 아이의 시야는 좁다. 그러므로 아이가 보지 못한 것, 예측하지 못한 것을 부모가 일러줘야 한다. 아이가 신택한 행동이 어떤 영향을 가져올지 알려주는 것이다.

- **어린이집은 가야 해.** → 어린이집 안 가면 친구들과 못 놀아.

- **추운데 어디 반바지를 입고 나가!** → 반바지 입으면 감기에 걸려서 주말에 나들이 못 가.

- **지금 간식 먹으면 안 돼.** → 간식 먹으면 입맛이 없어져서 밥을 잘 못 먹게 돼.

- **밥을 왜 이것밖에 안 먹어!** → 밥 조금 먹으면 간식 먹을 수 없어. 그리고 키도 잘 안 커.

- **장난감 뺏으면 안 돼.** → 장난감 뺏으면 친구가 속상해해.

- **빨리 자야지.** → 지금 안 자면 내일 일어나기 힘들어.

- **양치질해야지.** → 양치질 안 하면 이가 썩어서 치료받아야 할 수도 있어.

이때 주의할 것은 영향을 과장하지 않고 사실대로 일러주는 것이다. 양치질 안 한다고 모두 병원에 가서 무서운 치료를 받아야 하는 것도 아니고 초콜릿을 영영 못 먹는 것도 아니다. 겁을 주는 방식은 아이가 조금만 커도 효과를 잃는다. 놀이터에서 더 놀겠다는 아이에게 흔히 하는 말 "그럼 엄마 혼자 간다!"는, 아이의 두려움을 자극해 몇 번 움직일 수는 있겠으나 '엄마가 혼자 가지는 않는다'라는 걸 아이가 아는 순간 효력을 잃는다. 의도를 분명히 하라. 아이를 겁주는 게 아니고 아이가 좋은 행동을 스스로 선택하도록 힘을 길러주는 것이 목적 아닌가.

3. 구체적인 대안을 제시하기('앞으로 잘해. 알겠어?' vs. '그럴 땐 속상하다고 말하는 거야')

어느 초등학교에 강의를 갔는데, 학교 입구에 학내 규칙이 적힌 간판이 세워져 있었다. '뛰지 않기', '떠들지 않기', '친구 때리지 않기', '수업 시간에 돌아다니지 않기' 등 모든 문장이 하면 안 되는 것을 가리키고 있었다. 그러니 대체 어떻게 하라는 말일까?

아이들에게 하면 안 되는 행동을 지적하기는 쉽다. 하지만 거기서 그친다면 아이는 어떻게 행동해야 하는지 알 수 없다. 떠들지 않고 대신 자는 것은 되는 건가? 때리지 않고 무는 것은 되는 건가? 뛰지 않고 걷기, 떠들지 않고 선생님 말씀 경청하기, 때리지 않고 말로 해결하기 등 바람직한 행동에 대한 구체적인 안내가 필요하다.

화났다고 장난감을 집어 던지는 아이에겐 "아무리 화가 나도 마트 장난감을 집어 던지는 건 안 돼. 그럴 땐 '엄마, 나 장난감이 너무 갖고 싶어요'라고 말하는 거야"라고 일러줘야 한다. 징징대거나 소리 지르는 아이에게 "예쁘게 말해야지"라고 말하는 부모가 많은데 이 역시 충분히 구체적이지 않다. 어떤 내용의 말을 어떤 톤으로 해야 바람직한지 직접 보여주는 것이 가장 좋다. 연습까지 시켜주면 더 좋다. "그럴 땐 '엄마, 나 화났어요'라고 말하는 거야. 한번 말해볼래?"라고.

식당에 가서 "맛있는 것으로 주세요"라고 했을 때 내 입맛에 맞는 맛있는 음식이 나올 확률이 얼마나 될까? 추상적인 주문은 실천하기가 어렵다. 내가 원하는 구체적인 모습을 직접 보여주거나 적어도 말로 자세히 설명해주는 것이 좋다.

우리 아이는 친구가 밀면 역공을 하기는커녕 싫다는 소리 하나 없이 가만히 앉아 있곤 했다. 이는 공격적인 행동만큼이나 문제였다. 그대로 두었다간 자기방어가 어려워 보였다. 이럴 때 "왜 가만히 있어. 너 바보야?"라고 오히려 혼을 내거나, "너도 걔 밀어"라고 폭력적 행동을 부추겨서는 곤란하다. 나는 그 대신 서너 살 아주 어린 시기부터 아이에게 '자기표현' 훈련을 시켰다.

"친구가 밀면 '밀지 마'라고 소리치는 거야. 자, 한번 따라 해볼래?"

처음엔 쑥스러워 기어드는 목소리로 대답하던 아이가 이젠 우렁차게 따라 한다. 그리고 실전에서 웬만한 공격에도 밀리는 법이 없으니 이젠 별걱정이 없다.

지금까지의 내용을 정리하면 이렇다.

문제 행동	영향	대안
평가를 섞지 않고 보고 들은 그대로	타인과 아이 자신에게	구체적이고 실천 가능한 행동

<예 1-상황: 장난감 뺏어간 친구를 밀었음>

• **문제 행동**: 속상해서 친구를 밀었네.

• **영향**: 그럼 친구가 다쳐.

• **대안**: 그럴 때는 밀지 말고 "장난감 뺏지 마"라고 말하는 거야.

<예 2-상황: 잘 시간이 지났는데 더 놀겠다고 떼를 씀>

• **문제 행동**: 잘 시간이 한 시간이나 지났는데 더 놀겠다고?

• **영향**: 그럼 아침에 엄마가 억지로 깨워야 해서 서로 기분이 안 좋을 거야.

• **대안**: 내일 어린이집 가기 전에 여유 있게 놀면 어떨까?

그래서 미희 씨는 어떻게 됐을까? 코칭을 받으면서 미희씨는 딸 소은이가 문제 행동을 할 때 즉각적이고 적극적으로 개입했다. 그리고 다른 이들과의 만남을 줄였다. 소은이가 친구랑 부딪힐 소지를 줄이고 소은이를 훈육할 때 눈치 보지 않아도 되는 편안한 환경을 구축하기 위해서 미희 씨 자신이 안전감을 느끼는 친구하고만 최소한의 만남을 가졌다. 그리고 규칙을 명확히 설명해주고, 소은이가 규칙을 어길 때는 사전에 예고한 대로 그 자리를 떴다.

밀면 같이 놀 수 없다는 것을 톡톡히 경험한 소은이는 스스로 행동을 조절하려고 노력하기 시작했고, 지금은 아무 문제 없이 어린이집 생활을 하고 있다. 만약 아이 자존감 키워준다고 무제한으로 받아주었다면 어땠을까? 소은이는 '버릇없는 아이'로 낙인찍히고 어린이집 활동과 친구 관계에서 계속 어려움을 겪었을 것이다. 훈육은 누구보다도 소은이를 위해서 필요했다. 경계를 세워주어야 아이도 자기를 지킬 수 있다.

무엇보다 반가운 소식은 아이를 수용할 때와 제지할 때를 미희 씨가 구분할 수 있게 됐고, 그로 인해 부모 효능감이 높아졌다는 것이다. 미희 씨는 이제 아이에게 사랑을 충분히 표현하면서도, 문제 행동에 대해서는 "그만!"이라고 외칠 수 있게 됐다.

또 버럭했어요. 아이가 상처받았을까 봐 걱정돼요

→ 진심 어린 사과가 아이의 마음을 녹여요

몇 년 전 일이다. 부모 교육 강의가 끝나고 정리하고 있는데 한 어머니가 쭈뼛거리며 다가와 이런 질문을 했다.

"제가 아이한테 화를 많이 냈는데요. 애가 그것 때문에 상처도 많고 자존감이 많이 떨어진 것 같아요. 어떻게 하면 좋을까요?"

답은 간단했다.

"사과하셔야지요."

그 어머니의 표정이 조금 어두워졌다.

"그럼, 매일같이 사과해야 하는데요. 그것도 이상하지 않을까요?"

"그래도 하시는 게 좋아요. 아이 마음이 풀릴 때까지요."

당시에는 아이 키우는 엄마의 복잡한 심경을 잘 모르던 때라 교과서적인 답변을 드렸다. 그분의 마음이 얼마나 무거우셨을지, 이제야 이해가 간다. 그래서 다시 그 질문에 대한 답을 제대로 해보려고 한다.

좋은 관계를 유지하는 데에는 공이 들어간다. 관계를 좋게 하는 행동을 하는 것 못지않게 중요한 것이 나쁘게 하는 행동을 하지 않는 것이다. 몸에 좋은 음식을 챙겨 먹어도 피자나 치킨 같은 칼로리 폭탄 음식을 끊지 않으면 다이어트가 안 되는 것처럼 말이다. 좋은 감정을 많이 쌓아도 감정이 상했을 때 제대로 대처하지 않으면, 작은 틈이 결국 균열을 일으킨다. 가까운 사이일수록 더 그렇다. 사과하지 않고 모른 척 넘어가면, 그간 쌓아놓은 신뢰에 금이 간다.

잘못했으면 사과해야 한다는 것, 알면서도 막상 제대로 하지 않는 이유는 뭘까? 말로 표현하지 않아도 알 거라는 생각 때문일까? 또는 사과하면 내가 상대보다 낮아지는 것 같아 자존심이 상해서일까? 해보지 않아 익숙하지 않아서일까? 과학자 정재승은 《쿨하게 사과하라》에서 "사과하는 동시에 권위를 잃거나 책임감이 막중해지곤 했던 학습된 기억에 의한 방어기제와 거짓말과 변명이 더 발달할 수밖에 없었던 진화심리학적 이유" 때문에 사과하기가 어렵다고 한다. 이유가 무엇이건 우리는 사과에 인색하다. 특히 나이 어린 사람에게 하는 사과는 더욱 그렇다.

그러나 계속 사과를 안 한다면 어떻게 될까? 화를 안 내고 살 수도, 실수를 안 할 수도 없는데 그때마다 사과 없이 어물쩍 넘어가간다면 그 사람을 누가 신뢰하겠는가? 필요 이상으로 화를 냈거나 부끄러운 실수 또는 잘못을 했을 때, 사과를 안 하는 것이 더 부끄러운 일이다. 사과는 관계의 빈틈을 메우고 신뢰를 쌓는 마법이며, 리더만이 구사할 수 있는 기술이다.

　나는 어떤 일을 계기로 사과의 가치를 깨닫게 됐다. 20대 후반, 당시 청소년 국제 교류 단체에서 일하던 나는 벨기에에서 일주일짜리 합숙 워크숍에 참가하게 됐다. 이틀째 되던 날, 프로그램 일정에 대해서 덴마크 대표에게 다가가 물었는데 대화 중이던 그는 흘깃 보더니 대답 없이 다시 대화에 열중했다. 무시당한 느낌에 화끈거리는 얼굴로 부리나케 자리로 돌아왔다. 유일한 동양인으로 문화적·언어적 차이로 긴장한 데다가 그런 일까지 겪으니 세미나 내용이 더는 귀에 들어오지 않았고, 남은 기간이 한 달처럼 길게 느껴졌다. 그런데 몇 시간 후 그가 나를 찾아왔다.

　"아까 질문에 대답하지 않아서 미안해. 그건 예의 없는 행동이었어. 정말 미안해."

　담백하나 진심 어린 사과에 마음이 확 풀어졌다. 겨우 세 문장 덕에 주변이 환해졌고 우린 꽤 깊은 대화를 나누는 친구가 됐다.

　아이에게 화를 낼 때마다 매번 사과를 해야 하는 것은 아니다.

'화를 낸 것' 자체가 잘못은 아니기 때문이다. 다만 다음 두 가지 경우에는 반드시 사과가 필요하다.

1. 아이를 화풀이 대상으로 삼았을 때

남편한테 짜증 나서 아이를 잡았을 때, 시부모님이나 이웃 엄마 들으라고 괜히 아이한테 화냈을 때, 일이 잘 안 풀려서 받은 스트레스를 아이에게 풀었을 때 등 다른 이유로 생긴 화를 아이에게 표출했다면 반드시 사과가 뒤따라야 한다.

"엄마가 다른 일로 화났는데 너한테 화풀이하고 말았어. 미안해."

2. 필요 이상으로 화냈을 때

반복적으로 지적하는데도 아이가 고치지 않을 때는 부모도 무력감을 느끼고 무시당하는 기분이 든다. 그래서 그 행동만 보면 ON 버튼을 누른 것처럼 자동으로 화 폭발 모드로 넘어가게 된다. 또는 몸이 피곤하고 지쳐 있을 때도 예민해져서 거칠게 화내기 쉽다. 이럴 때 아이의 마음을 쓰리게 할 말과 행동을 쏟았다면, 이성이 돌아왔을 때 꼭 사과를 해야 한다.

"엄마가 아까 너무 심하게 말했지. 미안해. 기분 상했어?"

아이를 키우면서 사과를 통해 오히려 위로를 받았던 기억이 있다. 아이가 네 살 때쯤, 한번은 고성이 오가는 부부싸움 현장에 아이와 함께 몇 시간 동안 있어야 했다. 집에 돌아와서야 아이가 어땠을지 마음이 쓰였다. 불안하지는 않았을까, 무섭진 않았을까 싶어 아이에게 말했다.

"시원아, 오늘 무섭지 않았어? 엄마가 오늘 시원이한테 신경을 못 써줬네. 미안해."

그랬더니 아이가 내 머리를 쓰다듬으며 말했다.

"괜찮아, 수고했어."

코치 훈련 과정에 참여한 한 대표님의 사과 스토리도 감동적이다. 이 대표님은 교육과정 중에 과제로 제시된 '경청과 공감'을 중학생 아들에게 해보기로 했다. 데면데면한 사이의 아들을 불렀더니 퉁명스럽게 "왜요?" 하더란다. 그 말부터 경청을 해본 대표님이 물었다.

"왜, 대화하기 싫으니?"

아들이 말했다.

"아빠가 저 부르는 건 두 가지 중 하나잖아요. 혼내거나 시키거나. 좋을 리 없죠."

그간 쌓인 게 많았구나 싶었던 대표님은 아들에게 뭐가 힘든지를 물었다. 그러자 아들은 어릴 적 아빠한테 혼나서 무서웠던, 오래된 기억을 조금씩 풀어놓았다. 주욱 듣고 있자니 그간 아들의 힘든 심정을 알지 못했던 게 가슴 아팠다. 그래서 진심으로 미안함을 전했더니, 덩치가 산만 한 녀석이 울더란다.

한 번의 대화로 많은 것이 풀렸고 그 후 대표님은 아들의 행동을 날마다 칭찬해주고 있다. 제대로 된 사과는 이렇게 강력하다.

사과와 관련하여 그동안 들었던 이야기 중 가장 아름다운 것은 백발의 선배 코치님이 들려주신 것이다. 이분은 대기업에서 임원까지 지내고 퇴직한 후 제2의 업을 찾다가 코치의 길로 들어섰는데, 코칭을 배우면서 부모로서 자신을 돌아보고는 뼈저리게 후회하셨다고 한다. 경청과 공감 없이 지시와 명령만 했던 것, 일하느라 바빠서 같이 시간을 못 보냈던 것, 세상의 기준에 도달하지 못할까 봐 성공과 성적을 강요했던 것이 뒤늦게 미안해진 거다.

'앞으로 달라져야지' 속으로 다짐하고 끝날 수도 있는데, 이분은 그러지 않았다. 이미 성인이 된 다 큰 자식들을 모아놓고 그 앞에 무릎을 꿇고 "아비로서 돈 벌어오는 게 사랑인 줄 알았다. 미안하다. 잘못했다"라고 눈물 가득한 사과를 하셨다고 한다.

몇 년 전 부모 교육에서 내게 질문하셨던 그 어머님을 다시 뵌다면 이렇게 말씀드리고 싶다.

"사과를 하는 방법과 시기가 정해진 건 아니에요. 언제고, 어떤 방식이고 진심으로 미안하고 뉘우치는 마음을 담아 전하면 돼요. 사랑해서 그러신 거잖아요. 힘들어서 그러신 거잖아요. 어머님의 사랑과 미안함을 아이가 느낄 수 있도록 해주세요. 그게 진짜 사과예요."

이기적인 남편, 너무너무 싫어요

➡ **나의 경계를 지키기 위해 표현이 필요해요**

20개월짜리 아이를 키우는 세인 씨는 이제 복직 6개월 차에 접어든다. 본래 야근과 출장이 많은 일이라 정신없이 집과 회사를 오가고 있다. 그녀의 공백은 친정엄마가 메워주고 있다. 복직 전에는 아이 보느라, 복직 후에는 일하고 아이 보느라 그녀에게는 취미는커녕 친구 한번 만날 시간이 없다. 아이가 태어난 후 따로 시간 내서 친구를 만난 건 딱 한 번밖에 없다. 회사, 집, 친정만 오가는 그녀의 일상은 마치 고3 수험생과 비슷하다. 둘째를 낳고 싶어도 그림의 떡이다.

남편은 다르다. 그는 한 달에 한 번, 많으면 주 2회 술 약속을 잡는다. 경조사는 다 참석하고, 아이가 아파 가족이 모두 못 움직이면 아내에게 아이를 맡기고 혼자 간다. 외출할 때 그는 몸만 쏙 빠져나간다. 아이 돌보기부터 청소까지 모두 그녀의 몫이다. 아이가 태어난 지 두 해가 다 되어가건만 그는 아직도 아이를 혼자 보기 어려워한다. 집안일 하나 손댈 것 없이 준비를 해놓고 나와도, 심지어 친정엄마가 와서 아이 저녁까지 다 먹여줘도 그는 아내가 야근하거나 회식이 있을 때마다 계속 전화를 한다. "왜 빨리 안 들어와?"라며.

불만과 오해가 쌓여갔다. 그러다 한번 세게 부딪혔다. 회사의 중대한 프로젝트 때문에 세인 씨의 야근이 이어진 어느 날이었다. 식사도 건너뛴 채 7시 반까지 일하고 집으로 달려가기를 5일째, 마침 회사 근처에서 친구들이 만난다기에 잠깐 들른 것이 화근이었다. 30분이 지나자 칼같이 일어나 조금이라도 빨리 가려고 택시를 탔는데 하필 교통정체에 걸렸다. 맘 졸이며 택시에 앉아 있던 한 시간 반 동안 그녀는 남편에게 세 통의 전화를 받았다. 남편은 전화기 너머로 소리를 질렀다.

"애가 이렇게 엄마를 찾는데 친구들이랑 차 마실 정신이 있어? 지하철을 타지 왜 택시를 탔어!"

세인 씨는 지금까지 노력한 것에 대해 인정을 하지는 못할망정, 잠깐 친구 만난 것 때문에 고래고래 소리를 지르는 남편에게 화가 솟구쳤다. 쌍욕을 퍼부어주고 싶은 걸 간신히 참았다. 자기가 한 것은 생각도 안 하고 아내만 비난하는 남편의 이기심과 아내 없이는 한나절도 아이를 보살피지 못하는 무능함에 정이 떨어졌다.

세인 씨는 이제 어떻게 하는 게 좋을까?

아이가 태어난 후 남편과의 갈등으로 괴로움을 겪는 아내는 세인 씨만이 아니다. 다수의 연구에서 결혼생활 만족도는 첫아이 출산과 함께 급격하게 떨어지기 시작해서 아이가 성인이 되어 부모의 품을 떠날 때에야 올라간다. 부모가 되면서 각자 늘어나는 일감과 책임으로 스트레스가 높아지는 반면, 대화와 친밀감이 줄어들기 때문이다. 가족 형태의 변화와 그로 인한 역할 조정의 과정에서 갈등이 필수적인 만큼 그 갈등을 풀어가는 태도가 중요하다.

부부간의 관계에는 크게 세 가지 유형이 있다.

첫 번째는 의존형이다. 배우자 없이는 홀로 있지 못하는 부부다. 아내의 도움 없이는 끼니를 해결하지도 아이를 돌보지도 못하는 남편, 남편 없이는 은행 업무나 의사결정을 못 하는 아내 모두 의존형에 해당한다. 나에게 없는 것을 너를 통해 채울 수 있어 좋지만 자칫 '너 없이는 안 돼'와 같은 구속, '내게 필요한 것을 네가 채워줘야 해'의 강요로 이어지기 십상이다.

두 번째는 독립형이다. 각자의 필요를 스스로 채우며 서로 자기 갈 길 가는 형태다. 돈 관리도 따로, 취미생활도 따로, 밥도 따로다. 꼭 필요한 대화만 하는 사무적인 관계로, 친밀감이 낮다. 물리적으로 함께 있긴 하지만, '혼자'인 것과 다를 바 없고 '함께'라서 좋은 점은 없는 관계다.

세 번째는 상호의존형이다. 혼자서도 할 수 있지만 도와주면 더 잘할 수 있다고 믿으며, 서로의 개인적인 영역을 존중하면서도 부탁과 거절이 자유로운 관계다. 의존형과 다른 점은 '너 없으면 안 돼'가 아니라 '너 없어도 되지만 있으면 더 좋아'라는 관점이다. '혼자서도 좋지만 함께라 더 좋아'인 것이다.

현재 독립형 부부라면 친밀감을 더 쌓을 필요가 있고, 의존형 부부라면 독립성을 더 쌓아야 상호의존형으로 발전할 수 있다.

세인 씨 부부는 어떤 유형일까? 세인 씨는 일과 육아를 홀로 해내는 독립형에 해당하지만, 남편은 아빠로서의 역할을 독립적으로 해내지 못하는 의존형에 가깝다. 남편의 의존성 때문에 세인 씨는 자신의 일상을 유지하는 데 꼭 필요한 경계를 침범당했다. 세인 씨가 마음의 평화를 얻으려면 먼저 남편이 '독립적으로 역할을 수행할 수 있는' 상태가 되어야 한다. 우선 각자 부모로서 자신의 역할을 해낼 역량이 될 때, 그 이후에야 건강한 의존이 가능하다.

흔히 여성들이 남편을 두고 "아들 하나 더 키워요"라고 말하는데, 이는 자기 무덤을 스스로 파는 꼴이다. 남편은 아들이 아니다. 그를 먹이고 입히고 재우는 역할을 그만두고, 그가 자신의 역할을 맡도록 해야 한다. 기대하고 실망하는 악순환이 지겨워 남편의 부모 역할을 자처할 때, 일시적 마음의 평화는 얻을지 몰라도 평등하고 상호의존적인 부부 관계는 영원히 물 건너가는 것이다.

세인 씨의 남편이 육아와 살림 능력을 키우지 못한 데에는 그가 자라온 가부장적 가족 문화, 아직도 여성의 가사노동이 당연시되는 사회적 분위기가 큰 원인이다. 하지만 세인 씨 자신의 행동도 간과할 수 없다. 만약 세인 씨가 혼자서 육아를 책임지는 어려움과 외로움에 대해서 종종 남편에게 허심탄회하게 이야기했더라면 어땠을까? 한 달에 한 번이라도 '숨통을 틔우기 위해' 한나절 정도 남편에게 아이를 맡기고 외출을 했더라면 어땠을까? 돌봄을 자신의 당연한 의무로 여기고 돌봄과 관련한 의사결정을 혼자 다 하는 게 아니라 남편과 상의하면서 함께 했다면 어땠을까? 친정엄마에게 전적으로 돌봄을 맡길 게 아니라 남편에게 시켰더라면 어땠을까?

남편이 소극적이라고 비난하면서도 그 소극적인 태도를 방치하고, 나아가 조장한 것도 세인 씨다. 육아를 같이 해야 한다고 주장하면서 정작 육아를 도맡아 한 것도 세인 씨다. '앓느니 죽지. 말해봤자 입만 아파', '그 사람이 회사 가서 돈 벌어오니까 이 정도는 내가 해야지', '내가 하는 게 더 빠르고 쉬운데 뭘', '남편은 어설퍼. 애도 별로 안 좋아해' 이런 마음으로 말이다. 남편이 육아와 살림 능력을 키우지 못한 것은 지금까지 그럴 필요가 없었기 때문이다. 자신이 적극적으로 나서지 않아도 되는 가정적 · 사회적 환경이었고, 아내의 비난은 그나마 남아 있는 동기마저 사그라들게 했다. 남편의 이기적이고 소극적인 태도를 변화시킬 수는 없을지도 모른다. 하지만 남편의 그런 태도를 더는 묵인하지 않고 변하라고 요구하는 것은 세인 씨가 할 수 있다.

그렇다고 남편과 싸워서 이기라는 뜻은 아니다. 싸움을 걸면 상대는 반겨하거나 도망가게 되어 있다. "내가 옳으니 내 말 들어"라고 소리 높이는 사람에게 귀 기울일 사람은 없다. 목소리가 커질수록 상대의 목소리도 커질 것이다. 아니면 아예 입을 다물거나. 이는 다시 내 손해로 돌아올 뿐이다. 갈등을 해결해보려고 한 행동이 오히려 갈등을 키우는 셈이다. 내가 하는 행동이 내가 원하는 것에 다가가는 데 도움이 되지 않는다면, 당장 멈춰야 한다.

참는 것도 안 되고, 그렇다고 하고 싶은 말 다 하면서 싸울 수도 없는 노릇이라면 어떻게 해야 할까? 이기적인 남편 때문에 속 끓이는 세상의 수많은 세인 씨가 취해야 할 태도는 무엇일까? 그것은 바로 경계를 스스로 지키는 것이다.

사람마다 안전감을 느끼는 물리적 · 시간적 · 정서적 경계가 있다. 경계이 크기와 완고함은 사람마다 다른데, 이에 따라 세 가지 유형으로 나눌 수 있다.

이타적인 사람　　　이기적인 사람　　　지혜로운 사람

첫째는 이타적인 사람이다. 다른 사람을 잘 도와주고 배려심이 많은, 착한 사람이다. 좋은 평을 많이 듣지만 문제는 자기에게 필요한 것을 요청하거나 주장하지는 못한다는 것이다. 다른 사람의 필요를 채우기 위해 자신의 필요를 무시하기 일쑤고, 문제가 생겼을 때도 공정하게 서로의 잘못을 파악하기보다 자기 잘못만 크게 생각한다. 쉽게 죄책감을 가지며, 동시에 나만 희생한다는 피해의식도 크다.

두 번째는 이기적인 사람이다. 자기가 원하는 것이 분명하며 자기주장을 잘한다. 문제는 다른 사람의 필요와 욕구에 대해서는 자기 것만큼 중요하게 여기지 않고, 그렇기에 타협과 조율이 어렵다는 것이다. 문제가 생기면 상대방을 쉽게 비난하고, 자기 잘못은 잘 인정하지 않는다.

세 번째는 지혜로운 사람으로, 우리가 지향해야 하는 유형이다. 자기 영역이 넓으면서도 경계가 느슨하다. 자기 욕구를 주장할 줄도 알고, 상대의 욕구와 부딪힐 때는 서로 윈윈할 수 있도록 대화로 조율한다. 절대로 양보할 수 없는 부분을 요청할 줄 알고, 상대가 양보할 수 없는 것이 무엇인지 경청하고 존중할 줄 안다. 상대가 거절하더라도 나를 거절하는 게 아니라 자신의 욕구를 지키기 위함임을 알고, 존중한다.

많은 여성이 이타적이고, 많은 남성이 이기적이다. 태어날 때부터 여성은 공감·연결·유대의식이 강하고, 남성은 생존과 영역 확보를 우선시하는 성향이 있기 때문이다. 또한 오랜 세월 유지되어온 좋은 여성, 좋은 남성에 대한 상이 그런 성향을 강화했기 때문이다. 이타심과 이기심 자체는 문제가 없지만 이기심 없는 이타심, 이타심 없는 이기심은 문제가 된다. 그것 때문에 부부간의 평화로운 공존이 방해받는다. 이제 남성은 아내와 아이를 돌보고 배려하는 법을 배워야 하고, 여성은 남편의 이기적인 행동에 'No'를 표현하고 자신의 권리를 주장하는 법을 배워야 한다. 그런 훈련을 바라는 여성들이 연습하면 좋은 말들을 소개하겠다.

1. 요청

나의 경계를 보호하기 위해 남편의 협조를 구한다.

- 이번 달 말에 친구들이 만나자고 하는데 토요일 한나절 정도 자기가 아이 볼 수 있어?

- 일주일에 두세 시간 정도 자기가 애들 데리고 나갔다 올 수 있을까?
- 나 오늘 열이 좀 나는데 7시까지 들어올 수 있어? 집이 엉망이야. 올 때 죽 한 그릇도 부탁해.

2. 심정 표현

힘들 때는 허심탄회하게 속내를 털어놓아 상대의 이해와 협조를 구한다.

- 복직하고 나니까 압박감이 심하네. 회사에선 실수할까 봐 긴장되고, 집에 와선 아이에게 미안한 거 만회해야 한다는 생각에 스트레스가 커.
- 아이 키우면서 자기랑 대화가 많이 줄어든 것 같아. 이야기할 시간도 없고, 그러니 할 이야기도 없어지고…. 속상해.
- 아이 키우는 데 돈이 진짜 많이 드네. 우리가 그 비용을 다 감당할 수 있을까? 걱정되네….

3. 거절

나의 경계를 보호하기 위해 남편의 요청에 'No'를 표현한다.

- 오늘은 나 회식 있어서 일찍 못 들어가. 7시 이후엔 전화 통화 어려우니까 모르는 건 그 전에 다 물어보는 게 좋겠어.
- 이번 주말에 시댁에 가자고? 그건 어려울 것 같아. 우리 세 식구 시간도 좀 있어야지.
- 당신 와이셔츠 다리는 건 이제 어렵겠어. 해주면 좋겠는데 도저히 여력이

안 되네.

4. 피드백

남편의 문제 행동을 비난하지 않고 나의 욕구와 연결해 이야기한다(문제 행동+영향+요청).

- 설거지한다고 해놓고 안 했네. 이러면 곤란하지. 자기가 한 약속은 지켜 줬으면 좋겠어.
- 자고 있는데 자꾸 깨우면 나 다시 잠이 들 수가 없어서 다음 날 하루를 망치게 돼. 심심해도 자기 혼자 시간 보내고 나는 깨우지 말아줘.
- 집에 있는 동안 자꾸 스마트폰 보는데, 그러면 애랑 시간은 언제 보내겠어. 스마트폰은 아이 자고 나서 보면 좋겠어.

5. 요구

내가 바라는 바를 말로 표현한다.

- 나는 퇴근하고서도 네 시간을 꼬박 집안일에 매달리는데 자기는 음식물 쓰레기 버리는 것 외엔 안 하잖아. 앞으로 빨래는 자기가 전담했으면 좋겠어.
- 다 만들어놓은 반찬도 꺼내먹지 않으면 나보고 더 어떻게 하라는 거지? 저녁을 먹고 들어오든가, 늦게 들어왔으면 스스로 차려 먹도록 해.

가정의 기초는 부부다. 부부가 평화로우면 가족 관계의 80퍼센트 이상은 해결된 셈이다. 부부간의 평화로운 관계를 위해서는 혼자 마음속에 품고 있는 남편상을 그가 알아서 채워줄 것을 기대해서도, 안 채워준다고 실망하고 포기해서도 안 된다. 그는 심령술사도 아니고 마법사도 아니고 '남의 편'도 아니다. 그는 순전히 '자기 자신의 편'이다. 그러니 나의 필요를 표현하고 요청해야 한다. 이혼할 것도, 졸혼만 기다릴 것도 아니라면 말이다. 참으면 모르리라. 공격하면 도망가리라. 독립적이면서도 친밀한 관계는 끊임없는 소통으로만 가능하다.

► 3장 ◄

화내는 아이,
어떻게 대할까?

아이가 화를 너무 많이 내요. 왜 그럴까요?
➡ 선천적·후천적 이유가 있어요

아홉 살 아들과 여섯 살 딸 두 아이를 키우는 수민 씨는 첫째의 개학을 앞두고 초조하기만 하다. 첫아이 영호가 화를 조절하기 힘들어해서다. 영호가 문제를 드러낸 것은 네 살 때부터였다. 화가 나면 때리고 물고, 손에 잡히는 대로 던지고 찢고 밟았다. 그래서 어린이집에서 연락도 많이 받았다. 수민 씨 역시 이런 상황에 화가 나서 야단을 많이 쳤고, 매질도 했다. 그러나 매질은 오히려 독이 되어 돌아왔다. 일곱 살이 됐을 때 영호는 틱 증상까지 보였다.

놀란 수민 씨는 그때부터 매를 버리고 야단을 그쳤다. 아이를 있는 그대로 수용하고 따뜻하게 안아주는 엄마가 되기로 마음먹고 영호의 감정 표현을 독려했다. 초등학교 입학을 앞두고서는 더욱 적극적으로 아이 뜻을 받아주었다. 아이의 학교생활이 걱정됐기 때문이다.

감정코칭을 해주고 가족과 시간을 보내면서 많은 노력을 한 끝에 이제 영호는 화가 나도 물건을 던지지는 않는다. 그럼에도 여전히 사소한 것에 화를 낼 때가 많다. 친구에게도 화가 나서 "필요 없어! 저리 가! 바보 같은 게"라는 말을 하곤 한다.

초등학교에 들어가면 본격적인 사회생활이 시작된다. 그러므로 그 전에 사회에서 수용 가능한 방식으로 화를 표현하는 방법을 익히게 해주어야 한다. 초등 1학년 때 관계 맺기가 제대로 되지 않으면 친구들에게 '거친 아이'로 각인되고, 아이 역시 좌절감 때문에 관계에서 소극적으로 변하기 때문이다.

영호는 왜 이렇게 화를 많이 내는 것일까? 선천적으로 화가 많은 아이도 있는 걸까?

20세기의 위대한 발달심리학자 중 한 명으로 꼽히는 제롬 케이건Jerome Kagan은 아동의 정서와 인지발달 연구에 일생을 바쳤다. 그는 1989년에 생후 4개월짜리 아기 500명을 대상으로 인간 기질에 대한 20년간의 종적 연구를 시작했다. 연구 결과 5명 중 2명 꼴은 낯선 자극에도 침착한 '저반응' 아이로, 1명은 반응이 격렬한 '고반응' 아이로 밝혀졌다.

저반응 아이들은 낯선 장난감에도 서슴없이 다가가고, 처음 보는 컵에도 겁 없이 손을 집어넣었다. 이 아이들은 느긋하고 자신

있고 외향적으로 자라날 확률이 높았다. 반면 고반응 아이들은 부모가 자신을 바닥에 내려놓으면 다리를 허우적거리고 몸부림을 치며 격렬하게 울었고, 낯선 사람이 방에 들어오면 "안 돼, 안 돼, 안 돼!" 하고 소리를 질렀다. 고반응 아이들은 인간의 본능적 공포를 담당하는 편도체가 특별히 자극을 잘 받고, 새롭고 자극적인 것을 대할 때 신경이 더 거슬린다고 느낀다. 그래서 낯선 것에 대한 반응이 빠르고 거세다. 어른들이 흔히 말하는 '예민한 아이', '까다로운 아이'다. 이들은 진지하고 조심스럽고 내향적으로 자라날 확률이 높다.

예민하고 까다로운 아이를 돌본다는 것은 꽤 고된 일이다. 조금만 낯설어도 품에서 떨어지질 않고, 소리에 예민해서 재울 때 숨도 크게 못 쉬고, 입맛에 조금만 안 맞아도 먹지 않고, 자기 기준에 안 맞는 게 많으니 화도 많다. 이런 아이의 먹고 자는 문제를 책임지면서 아이의 짜증을 고스란히 받는 사람이라면 하루하루가 살얼음판을 걷는 기분일 것이다. 아이 비위 맞추는 '시녀'가 된 듯한 자괴감이 들기도 할 것이다.

도저히 이해가 안 가는 기준의 예민함을 가진 아이를 있는 그대로 받아들일 만큼의 내공을 가진 부모는 없다. 그래서 아이에게 맞춰주다가도 때론 타박하고 꾸짖는다. 아이를 어디까지 받아줘야 할지 혼란스러워 잘해줬다 화냈다를 왔다 갔다 한다.

이런 혼란스러운 양육 태도는 아이에게 어떤 영향을 줄까? 아이는 자신의 감정과 욕구가 언제 어느 정도까지 받아들여질지 예측할 수 없게 된다. 예측 불가능성은 아이의 스트레스를 높이고, 그 때문에 부모가 해줄 때까지 떼를 쓰며 매달리게 된다. 그러다 보니 '걸핏하면 떼쓰는 아이', '감정 조절 안 되는 아이'라는 딱지까지 떠안게 된다.

그렇다고 고반응 아이들이 모두 화가 많고 비사회적 인간으로 자라나고, 저반응 아이들이 순하고 사교적인 어른으로 자라는 건 아니다. 예민한 고반응 아이라도 감정과 욕구에 대해 민감성 높은 따스한 돌봄을 받고 자라나면, 정서 문제가 적고 오히려 사교기술이 뛰어날 수 있다. 《콰이어트》의 저자 수전 케인Susan Cain은 이렇게 말했다.

"이들은 공감을 잘하고, 다정하며, 협조적이고, 타인과 잘 협동한다. 친절하고, 양심적이며, 잔혹함이나 부당함이나 무책임함에 쉽게 흥분한다. 자신에게 중요한 일에 성공적이다."

반면 불안정한 환경이라면 고반응 아이들은 저반응 아이들에 비해 우울해질 확률이 20퍼센트 높고, 면역력이 약해져 감기와 호흡기 질환 같은 병에도 더 쉽게 걸린다. 저반응 아이들보다 환경의 영향을 훨씬 많이 받는 것이다.

그래서 이 아이들에게는 특히나 영유아 시기의 따뜻한 보살핌
이 필요하다. 짜증 낼 때 "짜증 나는구나", 서럽게 울 때 "슬프구
나", 입맛에 안 맞아 밥그릇을 밀어낼 때 "안 먹고 싶구나"라고 아
이의 느낌과 욕구를 말로써 읽어주고, 채워줄 수 있는 욕구는 채
워주는 것이다. 동시에 자신의 감정을 적응적으로 표현하도록 가
르치는 것도 중요하다.

감정 조절 능력은 뇌 부위 중 OFCOrbital Frontal Cortex, 안와전두피질
에서 관장하는데 OFC는 생후 3년이면 어느 정도 발달을 마친다.
영아 시기에 감정을 조절하는 법을 익히지 않으면, 나중에는 훨씬
더 많은 시간과 에너지가 들어간다. 예민한 아이의 감정 조절 능
력을 키워주려면 아이의 욕구 중 안 되는 것이 무엇인지 명확히
일러줘야 한다.

아이가 화를 많이 내는 것은 선천적으로 예민하거나, 후천적으
로 감정 조절법을 배우지 못해서 그렇다. 선천적으로 예민한 기질
은 바꿀 수 없다. 혼낸다고 개선될 일은 더더욱 아니다. 그것을 강
점으로 발전시켜 주면서 자신의 마음을 상황에 맞게 표현하는 방
법을 가르치면 된다. 시간과 노력이 필요하지만 분명히 가능하다
(감정 조절 능력을 키워주는 방법은 5장에서 다룬다).

아이가 화내면 저를 무시하는 것 같아
덩달아 화가 나요
➡ 아이의 화는 엄마와 관계없어요

아이들은 다양한 이유로 화를 낸다. 친구가 자기 장난감을 만졌다고 화를 내고, 동생이 자기 블록을 망가트렸다고 화를 내고, TV 못 보게 한다고 화를 낸다. 나도 참 황당했던 경험이 있다. 아이가 서너 살 때 일인데, 음식을 잘라줬다고 화를 내는 것이었다. 떡, 치즈, 바나나 등을 한입에 쏙 먹기 좋게 잘라주었는데, 그걸 본 아이가 울고 소리 지르고 뒷걸음질 치며 화를 냈다.

"왜 잘랐어! 다시 붙여놔!"

그때의 당황스러움이란. 한두 번이 아니라 번번이 그랬다. 순전히 자기를 위해서 귀찮음을 무릅쓰고 정성껏 잘라준 건데 말이다. 나중에 생각해보니 아이에겐 손으로 통째로 들고 먹는 게 꽤 중요했던 게 아닌가 싶었다.

아이들이 화를 내는 이유는 어른에게 참 하찮다. 그래서 어른들은 종종 아이의 화를 조롱하거나 무시한다.

- 뭘, 그깟 일로 그래.
- 그게 그렇게 화낼 일이야?
- 별것도 아니고만 난리네.

이런 말을 자주 듣는 아이는 자신의 감정은 중요하지 않으며, 자기가 지나치게 감정적이고 예민해 문제가 있다고 여기게 된다.

어떤 부모는 아이의 화를 달래기도 한다. 얼른 좋은 감정으로 바꿔주려고 말이다.

- 더 좋은 거 줄까? 이거 어때?
- 알았어, 알았어. 미안해. 대신 이따가 초콜릿 줄게. 됐지?

이런 태도가 반복되면 아이는 감정이 동요될 때 감정을 축소하거나 다른 쪽으로 관심을 돌리게 된다. 습관이 되면 커서 술이나 담배, 게임 등을 일시적 도피처로 삼아 회피하기도 한다.

감정은 전염성이 강해서 화내는 걸 보고 있는 엄마도 기분이 나빠지기 십상이다. 그래서 어떤 부모는 더 큰 화로 돌려준다.

- 왜 엄마한테 화를 내고 그래! 너 좋으라고 해준 거잖아! 엄마가 뭘 잘못했어, 어!
- 예쁘게 말해야지. 그렇게 말하면 엄마도 기분 나빠.
- 너 지금 누구한테 신경질이야!! 어디서 버릇없이.
- 눈 똑바로 못 떠? 한번 제대로 혼나봐야 정신을 차리겠어?
- 오냐오냐해주니까 만만해?

이런 말을 수시로 듣는 아이는 자기 감정을 표현하는 것은 나쁜 짓, 관계를 망치는 짓이라는 생각이 내면화되어 감정을 억압하는 게 습관이 되고 '억압형'으로 자라게 된다. 부모가 되면 또다시 자기 아이들의 감정을 억압하기 십상이다.

아이가 화낼 때 부모가 더 큰 화를 내면 상황은 빠르게 종료된다. 아이가 겁먹고 움츠러들며 이내 굴복할 것이기 때문이다. 그러나 아이가 자신을 두려워하길 바라는 부모는 없다. 모든 부모는 자녀와 사랑을 나누고 싶어 한다. 그러자면 아이의 화에 대한 다른 대처가 필요하다.

우선 아이가 왜 화를 내는지 살펴보자. 아이가 엄마를 무시해서 화를 내는 걸까? 엄마가 만만하니까? 아니면 엄마를 조종하려고? 모두 아니다. 그런 생각이 설득력 있게 다가온다면 '나는 여러 관점 중 왜 이 관점을 반복적으로 선택하는가'라고 스스로에게 질문하면서 자신의 역사를 뒤적여볼 필요가 있다.

사실 아이의 화는 엄마와 관계없다. 화내는 이유는 단순하다. 자기가 원하는 것이 채워지지 않아서다. 엄마와 상관이 없는데도 엄마에게 화를 내는 이유는 엄마가 가장 편하고 자신의 필요를 채우는 데 가장 큰 협조를 하는 사람이기 때문이다. 만약 할머니와 함께 산다면 할머니에게, 아빠와 관계가 긴밀하다면 아빠에게 화를 낼 것이다. 겉으로는 거칠고 사나워 보이지만, 아이는 속으로 답답하고 속상하다. 원하는 게 좌절됐기 때문이다. 답답하고 속상한 마음을 누구에게 털어놓겠는가? 가장 안전감을 느끼는 사람 아닐까? 아이가 엄마에게 화를 내는 것은, 엄마야말로 가장 안전한 상대이기 때문이다.

화를 내는 아이에게 필요한 것은 자신의 답답한 마음을 공감받고, 원하는 것을 말로 표현하는 법을 익히는 것이지 "왜 화를 내는 거야!"라고 혼나는 것이 아니다. 화가 났을 때 그 마음을 헤아려주는 사람이 있다면, 화는 곧 진정되기 마련이다. 자기 마음을 알아주는 사람 앞에서는 구구절절 설명하거나 격하게 감정 표현을 할 필요가 없기 때문이다.

만약 아이의 화가 가라앉지 않고 계속된다면, 아이의 마음이 아직 충분히 수용받지 못했다는 뜻이다. "네가 원하는 게 ~하는 거지? 엄마가 이해했어"라고 정확히 짚어주면 아이는 크게 고개를 끄덕이며 "응!"이라고 한다. 그러고 나면 아이의 거친 말과 행동은 절로 잦아든다.

"자극과 반응 사이에는 공간이 있다."

죽음의 수용소에서 살아남아 '로고테라피'를 창시한 정신의학자 빅터 프랭클Viktor Frankl의 말이다. 외부 자극에 대해 '난 어쩔 수가 없었어'라며 습관적·자동적으로 반응하는 사람reactive, 반응적이 있는가 하면, '나는 뭘 원하지?'를 생각하며 자신의 반응을 선택하는 사람proactive, 주도적이 있다. 그 공간이 좁은 사람은 피해의식에 사로잡히기 쉽고, 그 공간이 넓으면 넓을수록 주도적인 사람이 된다. 반응적인 부모는 아이가 화를 내면 똑같이 화를 내지만, 주도적인 부모는 아이가 화를 내도 자신이 어떤 말과 행동을 할지 선택한다. 이 글을 읽는 당신은, 어떤 부모가 되고자 하는가?

아이의 화와 짜증, 다 이해해줘야 하나요?
➡ 아이를 얼마만큼 공감할지는 엄마가 선택하는 거예요

다섯 살 딸을 키우는 윤희 씨는 요즘 억울하다. 아이가 먼저 짜증을 낼 때면 자신도 화가 치미는데 그 마음을 꾹꾹 누르고 짜증을 받아주려니 힘이 안 들 수가 없다. '치카치카' 하기 싫은 마음 공감해주고 기회를 여러 차례 줬는데도 욕실 앞에서 계속 심술부리는 아이를 볼 때면, "얼른 안 와?"라고 큰 소리가 나가기 십상이다. 그 말에 기분 나빠진 아이는 버릇없이 소리를 지르고 그 말투에 윤희 씨 역시 버럭하게 된다.

윤희 씨는 아이의 짜증을 어디까지 받아줘야 하는지, 기분 나쁘다고 소리 지르는 행동을 그때 바로잡아줘야 하는지 아니면 기분이 가라앉은 다음에 이야기해야 하는지, 아이가 자신의 감정 표현을 건강하게 하도록 가르치는 방법은 무엇인지 고민스럽기 짝이 없다.

윤희 씨의 고민은 엄마들에게 '공감'을 가르칠 때 자주 듣는 하소연이기도 하다.

"너무 어려워요."

"어떻게 그걸 매번 하나요?"

"애가 짜증을 내는데 왜 나만 좋게 말해야 하나요?"

보고 듣고 자란 게 아니라면 어색하고 어렵다. 나만 하는 것도 억울하다. '아이의 짜증을 다 이해하고 풀어줘야 하는가?'라는 질문에 대한 답은 '아니요'이다. 세상의 어떤 부모에게도 '늘 아이의 감정을 읽어주고, 늘 좋게 말해야 하는 의무'는 없다. 누구도 부모들에게 공감을 강요해선 안 되고, 부모 스스로도 자신에게 공감을 강요해서는 안 된다. 그 이유는 부모 역시 자유의지를 가진 인간이기 때문이다.

영국 드라마 〈휴먼스〉에서는 인공지능 로봇이 보편화된 미래 사회가 생생하게 펼쳐진다. 주인공 로라는 어느 날 출장에서 돌아와 로봇 아니타를 만난다. 아내가 출장을 간 동안 세 아이를 돌보면서 집안일을 하는 데 넌덜머리가 난 남편이 로봇을 사둔 것이다. 로라는 자신이 로봇 아니타로 대체되는 느낌을 받는다. 아니타는 자신과 다르게 근사한 아침 식사를 준비하고, 청소도 깔끔하게하고, 아이들 말을 진지하게 경청하고 요구를 들어주기 때문이다.

아니타는 우리가 육아서에서 보던 이상적인 엄마다. 그녀는 현실의 엄마들과 달리 막강 체력을 가졌고, 정보 처리 능력이 뛰어나고, 버럭 화를 내거나 우울감에 빠지지도 않고, 준비물을 까먹는 일도 없다. 그래서 아이들은 아니타를 좋아한다. 급기야 막내딸은 잠자리에서 책 읽어주는 역할을 로봇 아니타에게 맡긴다. "책 읽어주는 건 엄마의 역할이야"라고 말하는 로라에게 "싫어. 아니타가 좋아. 아니타는 서두르지 않는걸!"이라고 하면서 말이다.

만약 로봇에게 '아이의 감정 읽어주기'라는 명령어를 입력해놓으면 로봇은 그대로 수행할 것이다. 그러나 만능 로봇에게도 절대할 수 없는 것이 있으니 그건 바로 공감하고 사랑하는 것이다. "우는 걸 보니 속상한가 보구나"라고 말해줄 순 있어도, 속상한 감정을 직접 느끼고 같이 아파하지com-passion, 연민는 못한다. "사랑해"라고 말할 순 있겠지만 가슴에서 피어오르는 사랑이라는 감정 때문에 하는 수많은 행동, 예를 들어 마냥 이뻐서 뽀뽀를 해댄다든가, 아픈 몸을 일으켜 밥을 짓는다든가 하는 행동들은 할 수 없다. 그뿐인가. 감정 표현, 선택하기, 반성하고 책임지기도 로봇은 할 수 없다. 아무리 뛰어난 능력이 있어도 로봇이 인간을, 엄마를 대체할 수 없는 이유다.

엄마는 로봇이 아니다. 로봇이 될 수도 없고 되어서도 안 된다.

엄마들에게는 로봇과 달리 자기만의 고유한 감정과 욕구가 있고, 그렇기에 화가 나고 우울해지고 두려움에 사로잡힌다. 엄마들은 이 모든 감정을 시시때때로 겪는 '인간'이다.

로봇은 감정과 생각, 즉 의식이 없기에 스스로 판단하지 못한다. 그러나 인간인 엄마는 스스로 판단하고 자기 판단에 따라 선택하는 힘이 있다. 아이가 짜증을 부릴 때 어떤 행동을 할지는 전적으로 엄마 자신이 선택하는 것이다. 무슨 선택을 하든 그 행동은 아이에게 영향을 미칠 것이며, 그 결과는 다시 엄마 자신에게로 돌아올 것이다.

그러므로 윤희 씨를 비롯한 우리 엄마들은 이제 더는 전문가의 이론과 조언을 기계처럼 따르려고 애쓸 것이 아니라, 왜 그렇게까지 희생해야 하느냐고 억울해할 게 아니라 자신에게 진지하게 물어야 한다.

"나는 어떤 선택을 하고 싶은가?"

한번 시간을 내어 조용히 앉아 종이에 적어보자.

- 나는 어떤 부모가 되고 싶은가? 그 이유는?
- 아이가 어른이 됐을 때 아이에게 어떤 부모로 기억되고 싶은가? 그 이유는?

엄마들에게 공감 수업을 할 때 이런 질문을 하곤 한다.

"어렸을 때 부모에게서 받고 싶었으나 받지 못했던 것이 무엇인가요?"

많은 엄마가 이 질문에 '관심'과 '사랑'을 적는다. 우리가 부모에게 기대했던 것은 크지 않았다. 얼굴빛이 어두울 때 "넌 어떻게 된 애가 항상 표정이 그 모양이냐"라고 눈 흘기지 않고 "무슨 일 있어?"라고 물어보는 것, 물건을 잃어버렸을 때 "그러니까 잘 챙겼어야지. 물건 하나도 제대로 간수를 못 해!"라고 혼내는 게 아니라 "아끼던 건데 속상했겠다"라고 위로해주는 것, 성적이 떨어졌을 때 "팽팽 놀 때부터 그럴 줄 알았다. 그렇게 해서 대학은 가겠냐?"라고 조롱하는 게 아니라 따뜻한 밥 지어놓고 "너 좋아하는 반찬들 차려놨어. 먹고 힘내"라고 격려하는 것.

우리 아이들도 다르지 않다. '늘 부드럽게 말하는 엄마', '항상 품어주는 엄마'와 같은 높은 이상도 아니고 '날씬하고 예쁜 엄마', '음식 잘하고 장난감 잘 사주는 엄마'도 아니며 '똑똑하고 돈 많은 엄마'는 더더욱 아니다.

당신은 어떤 부모로 기억되고 싶은가? '내가 화내면 더 화내던 부모'가 되고 싶은가? 아니면 '화난 마음 헤아려주고 제대로 화내는 법을 말과 행동으로 가르쳐준 부모'가 되고 싶은가?

어느 쪽으로 갈지는 개인의 선택이다. 그러나 나는 알고 있다. 당신이 후자를 선택하리라는 것을. 그 길이 쉽지 않을지라도 당신은 그 길을 선택할 것이다. 지금은 절대 그렇게 하고 있지 못할지라도, 그래서 자신이 한심하고 미울지라도 당신은 두 번째 길을 선택할 것이다. 아직도 이 책을 덮지 않고 계속 읽고 있다는 것이 그 증거다.

아이의 짜증을 받아주고 싶지만, 그러기 어려운 순간이 분명히 있다. 내 감정이 넘쳐날 때 그렇다. 나의 욕구가 최소한으로도 채워지지 않고 있을 때 그렇다. 지금까지 종종 있었고, 앞으로도 있을 것이다. 내 감정이 동요되어 있을 때는 다른 사람을 공감하기가 어렵다. 아이의 화와 짜증이 커서가 아니라, 내 마음그릇이 넘치고 있어서다. 그럴 때는 공감하려고 애써봤자 소용없다. 분하고 억울하기만 할 뿐이다. 오히려 그때는 바로 부모 자신에게 공감이 필요할 때다. 자기 스스로를 공감하거나 자신을 공감해줄 누군가를 만나서, 지치고 열 받은 마음을 우선 풀어야 한다.

아이는 부모보다 힘이 약하다. 지식, 지혜, 경험, 돈, 체력 등 모든 자원이 부모보다 적다. 그래서 시야가 좁고, 판단이 단기적이며, 다른 사람을 배려할 줄 모르는 자기중심성을 가지고 있다. 감정을 담는 그릇의 크기도 간장종지만큼 작다. 그래서 쉽게 짜증내고 감정대로 행동한다. 아이와 부모를 비교할 때 강자는 부모다. 감정 조절 능력도 부모가 더 낫다. 그래서 아이에게 해주는 공감이 아이에게 받는 공감보다 적을 수밖에 없다. 받아줘야 해서 받아주는 게 아니라 더 성숙하고, 더 지혜롭고, 더 능력 있기에 받아주는 것이다. 그 성숙함과 지혜와 능력이 바닥나는 순간에는 깨끗이 인정하자. "나 지금 공감이 필요해!"라고.

아이의 마음을 읽어주기가 어려워요
➡ 천천히, 할 수 있는 만큼 하세요

우리 아이는 영유아 검진 때마다 키가 하위 4~5퍼센트로 작은 축에 속했다. 여섯 살쯤 되니 아이 입에서 "엄마, 나는 왜 키가 작아요?"라는 볼멘소리가 나오기 시작했다. 어린이집에서 한 살 많은 언니한테 "넌 다섯 살 동생들보다 키가 작잖아"라는 이야기를 듣기도 하고, 놀이터에 갔을 때 만나는 할머니들이 "몇 살이야? 네 살?" 이렇게 묻곤 하니 기분이 나빴던 모양이다.

자신의 외모를 문제 삼는 아이에게 부모들은 보통 이렇게 말한다.

① 네가 키가 왜 작아? 아니야 절대 안 작아.

② 너무 걱정 마. 엄마랑 아빠 키가 있으니까 니도 곧 클 거야.

③ 그런 나쁜 말을 하다니, 언니 혼내줘야겠다.

④ 많이 뛰어놀아야 해. 다음 달부터 태권도 다니자.

⑤ 그러니까 엄마가 밤에 일찍 자야 한다고 했지?

모두 좋은 의도로 한 말이지만, 아이의 마음을 읽어주는 것, 즉 경청과는 거리가 멀다.

① 위로하고자 한 말이지만, 작다는 아이의 '생각'을 부정하고 있다. 생각은 바꾸라고 요구한다고 해서 쉽게 바뀌는 게 아니다.

② 이 역시 위로를 위한 말이지만 걱정이라는 아이의 '감정'을 차단하고 있다. 걱정은 하는 것이 아니라 되는 것이다. 앞으로 클 거라는 예측은 단기적인 사고만 가능한 아이 귀에 들어오지 않는다.

③ 일시적으로 아이가 통쾌해할 수는 있으나, 아이 문제를 부모가 나서서 해결하려고 하고 있다. 아이의 문제는 먼저 아이가 풀어야 한다. 주인공의 자리를 뺏지 않으려면 도움을 요청받기 전에는 나서선 안 된다.

④ 해결책을 제시하고 있다. 아이가 해결책을 요청하지도 않았을뿐더러 마음 공감 없이 해결책을 제시하면 아이 마음에 맞게 해결하기 어렵다.

⑤ 키가 작은 이유를 분석하고 있으며, 아이 잘못으로 귀인하고 있다. 엄마가 하고 싶은 이야기를 한 것일 뿐, 현재 아이가 느끼는 마음과는 가장 거리가 멀다. 아이는 당신이 아플 때 남편한테 "그

러게 병원에 갔다 오라니까, 왜 그렇게 버티고 있어?"라는 말을
들을 때와 같은 감정을 느낄 것이다.

사티어의 빙산 모델을 다시 꺼내보자. 아이가 하는 말과 행동의
이면에는 감정, 생각, 기대, 열망이 있다. 아이의 마음을 읽는다는
것은 아이의 감정과 욕구를 수면 위로 끌어올려 언어화한다는 것
이다. 여기에 엄마의 조언, 엄마의 기대와 욕구, 엄마의 감정은 들
어가지 않아야 한다. 아이의 마음에 대한 이야기에서 엄마의 마음
으로 이야기가 옮겨오는 순간, 그것은 경청이 아니다. 아이가 느
끼는 감정과 욕구를 거울처럼 비춰주는 것이 경청이다. 예를 들면
이런 식이다.

<예: 경청>

아이: 엄마, 나는 왜 키가 작아요?

엄마: 키가 작다는 생각이 들었어?

아이: 응. 지은이 언니가 나보고 '넌 다섯 살짜리보다 작잖아'라고 놀렸어요.

엄마: 그 말 듣고 우리 시원이 속상했겠다.

아이: 맞아. 어떻게 그렇게 말할 수가 있어! 짜증 나!

엄마: 그러게. 시원이도 키 크려고 노력하고 있는데 잘 안 돼서 속상하잖아.

그런데 언니까지 그렇게 말하니까 시원이 마음이 많이 무거웠겠다.

아이: 이제 그 언니랑 안 놀 거야.

엄마: 그 언니가 미워? 언니가 시원이한테 작다고 이야기해서?

아이: 응. 언니한테 못생겼다고 놀려줄 거야.

엄마: 언니를 놀려주고 싶을 만큼 시원이 마음이 많이 상했구나.

아이: 언니면서 어떻게 동생을 놀릴 수가 있어.

엄마: 시원이 마음을 배려해주면 좋았을 텐데, 그치?

아이가 어떤 말을 하든 그 이면의 감정과 욕구를 말로 되돌려주면 아이의 감정은 자연스럽게 진정이 된다. 제시한 예에서는 아이 자신도 자기 마음을 명확하게 알게 됐고, 엄마도 아이의 마음을 이해하게 됐다. 즉, 아이와 엄마의 빙산이 서로 연결connection됐다. 연결되기 전에는 해결책을 알려줘도 소용이 없다. 아이 마음에 대한 충분한 이해 없이는 섣부른 해결책일 뿐이다. 해결 전에 연결! 연결되면 해결은 수월하다.

일곱 살이 된 아이는 아직도 키 때문에 속상해한다. 아이의 키 고민을 들을 때마다 나는 두 가지를 주의한다.

하나는 아이의 고민을 축소하지 않는 것. "네가 밥 잘 안 먹어서 안 크는 건데 왜 그래?"라거나 "어련히 클까 봐. 뭘 그런 걸 걱정하고 그래"라는 말은 대화가 단절되는 지름길이다.

또 하나는 내가 나서서 해결하려 하지 않는 것. 아이가 경청과 공감이 필요해서 시작한 대화라면 해결책은 애초에 필요 없을 것이다. 설령 해결책을 찾고 싶어 한다고 하더라도, 그것을 실행할 주체는 아이이기 때문에 내가 주도권을 쥐어서는 안 된다.

물론 이렇게 아이와 눈높이를 맞춰 경청하는 것은 엄청난 도전이다. 소리 지르고 화내는 아이에게 "애써서 블록 만들어놨는데 망가져서 화났구나"라고 말하는 것은 상당한 인내를 요구하는 일이니 말이다. 그 이유는 인간이 기본적으로 자기중심적이기 때문이다. 모든 사람은 자기 기준과 잣대로 상대를 평가한다. 한 달에 200만 원을 생활비로 쓰는 사람은 300만 원 쓰는 사람에게는 낭비한다고 하고, 100만 원 쓰는 사람에게는 짠돌이라고 한다. 인간은 자기중심적일 뿐 아니라 자기와 비슷한 사람들만 만난다. 공부 잘하는 사람은 공부 잘하는 사람들끼리 주로 어울리니 '공부가 어렵다'라는 말을 당최 이해를 못 한다. 그래서 더욱 자기중심적으로 굳어진다.

자기중심성은 아이의 감정을 대할 때도 똑같이 적용된다. 아이가 짜증을 낼 때 "그게 그렇게 짜증 낼 일이야?"라고 짜증을 낸다. 아이가 그네 앞에서 무섭다고 하면 "아니야, 이거 무서운 거 아니야"라며 아이 손을 잡아끈다. 아이가 화를 내면 "엄마가 너한테 잘해주려고 그런 건데 왜 화를 내?"라며 자기 의도만 앞세운다. 자기중심성은 경청의 큰 장벽이다. 의식적으로 노력하지 않으면 사람은 자기 마음만 앞세우게 되어 있다.

익숙하지 않다는 것도 큰 이유다. 경청받아본 경험이 별로 없다면, "그랬구나"라는 말조차도 어색하다. 연애를 책으로 배운 사람이 연애하기 쉽지 않듯, 경청을 책으로 배웠다면 자기 생각을 멈추고 상대의 말과 마음에 온전히 집중하기까지는 꽤 오랜 시간이 걸린다. 맛을 모르는 호떡을 요리해야 하는 것과 같다. 그럼에도 경청은 배워둘 가치가 있다. 소통과 관계의 주춧돌이기 때문이다.

'제대로 된 경청'을 설명할 때 들려주곤 하는 이야기가 있다. 바로 '달과 공주 이야기'이다. 옛날 아주 먼 옛날 왕의 총애를 받는 다섯 살짜리 공주가 있었는데, 어느 날 갑자기 병에 걸리고 말았다. 딸이 웃는 모습을 보고 싶었던 왕은 공주에게 갖고 싶은 게 있으면 다 말하라고 했다. "달을 가질 수 있다면 곧 나을 것 같아요"라는 공주.

왕은 당장 달을 따올 방법을 찾는데 시종장, 궁중 마법사, 궁중 수학자 등 나라 안의 전문가란 전문가를 다 불러도 하나같이 "달을 따올 수 없습니다"라고 대답한다. 너무 멀고, 너무 크고, 너무 차가워서라는 대답이다. 공주는 시름시름 앓더니 급기야 음식을 끊고 마는데, 답답해진 왕은 마음의 위로를 얻고자 궁중의 어릿광대를 부른다.

전후 사정을 자세히 들은 어릿광대는 공주에게 다가가 몇 가지 질문을 한다.

"공주님, 달이 얼마나 큰가요?"

"내 엄지손톱보다 조금 작아. 내가 달을 향해 엄지손톱을 대보면 딱 가려지거든."

"얼마나 멀리 있나요?"

"내 방 창문 밖에 있는 큰 나무만큼도 높이 있지 않아. 어떤 때는 나뭇가지 꼭대기에 달이 걸려 있기도 하니까."

"달이 무엇으로 만들어졌나요?"

"당연히 금으로 만들어졌지. 그것도 몰라? 바보처럼."

공주의 이야기를 다 들은 광대는 세공사에게 달려가 금으로 손톱만 한 황금달을 만들어달라고 해 공주에게 가져다주었다. 소원하던 달을 손에 넣은 공주는 다시 건강해졌다.

이 이야기에서 광대만이 공주가 말하는 '달'의 의미를 궁금해했다. 즉 공주 입장에서 '달'이 무엇인지 호기심을 가진 것이다. 호기심 어린 질문과 경청, 그것이 있었기에 '황금 달'이라는 해결책이 가능했다.

이해하지 못해도 사랑할 수 있는 것처럼, 동의하지 않아도 경청할 수 있다. 쉽진 않겠지만 노력할 가치가 있다. 비좁은 아이 신발에 발을 끼워 넣고, 허리를 낮추고, 손을 잡고 아이 눈높이에서 세상을 바라볼 때 느껴지는 일치감을 위해서라면!

단, 멀리 내다보며 천천히 가자. 하고 싶은 만큼, 할 수 있는 만큼.

화나면 소리 지르고 물건을 던지는 아이,
어떻게 가르쳐야 하나요?

➡ **아이 스스로 반성하고 책임지게 하세요**

아이가 자기 뜻대로 안 된다고 화가 나서 난폭한 행동을 할 때면 부모는 놀라고 당황한다. 친구를 물어뜯고 자기 머리를 바닥에 쿵쿵 찧는데 왜 안 그렇겠는가. 놀란 마음에 그 행동을 중단시키고자 다양한 방법을 동원한다.

예를 들어 마트에서 장난감을 사달라는 아이에게 안 된다고 하니 아이가 장난감을 집어 던졌을 때, 부모들이 흔히 보이는 반응은 이렇다.

- 자꾸 이러면 다시는 마트 안 데려온다.
- 경찰 아저씨한테 잡아가라고 한다.
- 여기서 물건 던지고 못되게 구는 친구 있어, 없어! 왜 너만 그래. 저기 동생은 얌전하게 말 잘 듣는데 넌 형님이 돼가지고 왜 그래? 아휴 부끄러워라.

- 어디서 위험하게 물건을 집어 던져. 얼른 제자리에 갖다 놓지 못해?

- 여기 물건은 다른 사람들이 보고 사라고 전시해놓은 새것들이야. 망가트리면 네가 물어줘야 해. 얼른 사과해!

- 물건 왜 던졌어! 네가 무슨 짓을 했는지 알아? 이런 짓 누구한테 배웠어!

여기에는 이런 전략이 동원됐다.

- **지시와 명령**: 갖다 놔! / 사과해!

- **협박과 경고**: 안 데려온다. / 경찰 아저씨

- **비교**: 동생은 얌전한데….

- **논리적 설득**: 새 물건들 / 물어줘야 해

- **캐묻기**: 왜 던졌어! / 누구한테 배웠어!

부모가 원하는 것은 아이가 자신의 잘못을 깨닫고 이런 행동을 반복하지 않는 것이다. 그걸 위해 열을 내가며 다양한 방법을 동원해서 말한다. 그러나 부모가 가르치고 싶은 것이 그런 말을 통해 제대로 전달됐을까? 앞에 예로 든 말을 듣고 아이가 마음에서 우러나와 "제가 잘못했어요. 다음부턴 그러지 않을게요"라고 할까?

우리 어릴 적으로 한번 돌아가 보자. 비교를 당할 때, 강요와 협

박을 받을 때, 지시와 명령을 받을 때 우리 마음에선 무슨 일들이 일어났나? 부모님의 말씀이 순순히 수용됐나, 아니면 '내가 왜 그래야 하는데!'라며 더 삐뚤어진 마음이 들었나. '우리 부모님이 나를 사랑해서 그러시는구나' 하고 따뜻함을 느꼈던가, 아니면 '우리 부모님은 내 마음을 몰라' 하며 서운했던가.

비교, 강요와 협박, 지시와 명령이 아이들 마음에 일으키는 것은 수치심, 죄책감, 두려움 등의 부정적 감정이다. 이 감정들은 에너지를 빼간다. 의욕을 잃게 한다. 새로운 배움으로 이어질 리가 없다. 당연히 긍정적 변화가 일어나기 어렵다. 만약 이 말들을 아이가 순순히 따른다면, 그것은 부모의 말에 동의해서라기보다는 '더 혼나는 게' 싫어서다. 즉 원하는 것을 얻기 위한 '접근 동기'가 아니라 싫은 것을 피하기 위한 '회피 동기'에서다.

무서워서, 수치스러워서, 죄책감이 느껴져서, 혼나기 싫어서 안 하는 행동이라면 혼내는 사람이 사라지면 다시 하게 되어 있다. 그리고 혼을 내는 강도는 점점 더 높아져야만 효과가 유지된다. 이 과정 끝에 남는 것은 무엇일까? 부모에겐 '우리 애는 지지리도 말을 안 들어'라는 자포자기일 테고, 아이들에겐 '우리 엄마는 맨날 화만 내'가 아닐까?

인간은 어떨 때 변화할까? 사람은 어떤 말과 행동을 해줄 때

'더 좋은 행동'을 기꺼이 선택할 수 있을까? "말 안 들으면 경찰 아저씨한테 혼난다"라는 말을 들을 때일까, 아니면 "나는 네가 걱정돼. 앞으론 좀 달라지면 좋겠는데 네 생각은 어때?"라는 말을 들을 때일까? "그렇게 하면 안 된다고 했지! 몇 번을 말해야 알아들어?"라는 말을 들을 때일까, 아니면 "너도 잘해보고 싶었는데 안돼서 속상하지? 엄마가 뭘 도와줄까?"라는 말을 들을 때일까? "네가 하는 게 다 그렇지. 누굴 닮아서 그러는지 정말. 나도 몰라 이젠!"이라는 말과 "다른 방법을 함께 찾아보자. 더 좋은 방법이 있을 거야"라는 말, 어느 쪽에 마음과 몸이 움직이던가?

사람은 신뢰와 격려, 사랑과 존중, 인정과 지지, 공감과 경청을 받을 때 마음이 열린다. 남녀노소, 지위고하를 막론하고 그렇다. 그리고 마음이 열려야 발전적 대화가 가능하다. 외부의 일방적 강요, 지시와 협박으로 인한 변화는 일시적이고 지엽적이고 폭력적이다. 스스로 원해서, 자신에게 필요하다고 여겨져서 새로운 행동을 능동적으로 선택할 때만 그 변화가 지속적이고 안정적으로 뿌리내릴 수 있다.

이때는 가르치는 '방법'보다 가르치는 사람의 '관점'이 더 중요하다. 만약 다음과 같은 관점을 가진 부모라면, 어떤 훌륭한 기술을 동원하더라도 아이의 변화를 이끌기 어려울 것이다. 애초부터 실패를 예약하는 것과도 같다.

- 말해도 어차피 안 들어.

- 원래 타고나길 공격성이 심했어.

- 바뀌기 힘들 거야.

- 때려서라도 가르쳐야 해.

반면 이런 관점으로 접근한다면 어떨까?

- 저런 행동을 할 만한 사정이 있겠지.

- 나쁜 행동을 한다 해서 아이가 나쁜 건 아니야.

- 아이는 변화될 수 있어.

- 시간이 걸려도 괜찮아. 그만한 가치가 있어.

1974년 캐나다의 작은 도시 엘마이라에서 일어난 사건은 문제를 일으킨 청소년을 대하는 새로운 접근법을 보여주는 좋은 사례다. 술과 마약을 하기 위해 친구들을 만나러 가던 열여덟 살의 두 소년이 경찰에 잡혔다. "집으로 앞장서라"라는 경찰의 말을 무시하고 도주한 그들은 상한 기분에 비행을 저지른다. 칼로 승용차 24대를 망가뜨리고, 22가구에 침입해 울타리를 부수고 창문을 깼으며, 교차로의 신호등과 전망대 등 공공시설물을 망가뜨렸다. 새벽 3시부터 5시까지 고작 두 시간 만에 일어난 비극이다. 단 몇 시간 만에 마을 전체가 공포에 휩싸였다.

이들을 구속해 처벌하는 것이 기존의 당연한 법체계였지만 이들을 맡은 보호관찰관 마크 얀치는 이런 접근법에 의문을 가졌다. 그들에게 벌을 주는 것으로는 피해자들의 정신적·경제적 피해를 보상할 수 없고, 이 소년들의 재범을 예방할 수 없기 때문이다. 마크는 담당판사의 허락을 얻어 소년들에게 피해자들을 만나게 한다. 피해자들의 생생한 목소리를 듣게 한 것이다.

소년들은 자신들이 우발적으로 저지른 행동이 사람들에게 얼마나 큰 공포를 주었는지를 듣고 진심으로 반성하며 용서를 구한다. 그리고 봉사활동이나 현금배상 등의 방법으로 피해에 대해 실질적인 보상을 하게 된다.

이로써 피해자는 보상을 받았고, 가해자인 소년들은 반성하며 자기 행동에 책임지는 법을 배웠다. 잘못했으면 벌을 받아야 한다는 관점에서 잘못을 스스로 성찰하고 책임져야 한다는 관점으로, 처벌이 중요하다는 관점에서 회복과 해결이 중요하다는 관점으로 변화하면서 두 소년의 인생이 달라졌다. 그리고 이 사건은 '회복적 정의'의 시작이 됐다.

관점이 정리됐다면, 가르치는 방법은 다음을 참고하자.

1. 아이의 속마음 읽어주기

뭔가 뜻대로 안 돼서 화가 난 것이니 그 '뜻'을 읽어준다. 시작을 아이 마음 읽기로 하면, 아이 귀가 활짝 열린다. 아이는 자기 마음을 알아주는 사람의 말에 귀를 기울이기 때문이다.

- 책상에 부딪혀서 아팠구나. 그래서 화가 났구나.
- 친구랑 놀고 싶은데 놀기 싫다고 하니까 화났나 보네.

2. 시범 보이기

화의 표현 방법 또는 진정 방법을 직접 보여준다.

- 화날 때는 심호흡을 하면 화가 풀려.
- 열 받을 때는 찬물 세수를 하면 도움이 돼.
- 화났을 때는 그렇게 소리 지르는 게 아니라 "엄마, 저 지금 화났어요"라고 말하는 거야.

3. 직접 하게 하기

해보지 않으면 배움이 없다. 직접 해봐야 가장 큰 배움이 일어난다. 가르쳐준 진정법과 표현법을 그 자리에서 해보게 한다.

- 지금 같이 심호흡을 해보자.
- 가서 찬물로 세수해봐.
- ○○야, "저 지금 화났어요"라고 해볼래?

4. 소감 나누기

방금 시도한 방법의 효과를 점검한다. 별 도움이 안 됐다고 하면 다른 방법을 찾아보고, 좋았다고 하면 기꺼이 새로운 시도를 한 아이를 칭찬해준다. 그리고 다음에 화날 때 시도해보라고 한다.

- 직접 해보니까 어때?

- 효과가 있어? 아니면 다른 방법을 찾아볼까?

- 다음에 화날 때도 이렇게 해보자.

아이에게 새로운 행동을 가르칠 때 '질문'은 탁월한 도구다. 질문은 '생각'을 자극한다. 부모가 일방적으로 답을 알려주는 것보다 좋은 질문을 던져서 스스로 생각해보게 하면, 아이들은 뜻밖에도 참신한 답을 다양하게 내놓는다. 물론 아이가 내놓는 답 중에는 비현실적이고 유치한 것도 있다. 그렇지만 질문을 통해서 아이 스스로 현실적이면서 바람직한 답을 스스로 찾게 하면, 그것만큼 좋은 것도 없다. 또한 아이가 스스로 답을 찾을 때 실행할 확률도 높다. 결국 행동의 주체는 아이 자신이기 때문이다.

예를 들어 아이가 친구 장난감을 빼앗았을 때 대부분 부모는 "얼른 사과해야지. '미안해'라고 말해" 하면서 아이의 옆구리를 찌른다. 잘못을 인정하고 사과할 줄 아는 용기를 가르치는 것은 꼭 필요하지만, 이렇게 옆구리 찔러 받아내는 사과에는 진심이 담길 수 없다. 억지로 "미안해"라고 말한 아이는 한 번 더 혼난다. "진심으로 사과해야지!"라고 말이다. 아이가 진심으로 사과하길 원한다면 그걸 요구하기보다는 스스로 느끼게 해줘야 한다. 그러면 반성은 절로 따라온다.

- 네가 친구한테 소리 질렀을 때 친구가 울었는데, 우는 친구를 보니까 네 마음은 어때?
- 친구가 만약 그렇게 소리를 지른다면 네 기분은 어떨까?
- 우는 친구에게 어떤 말을 해주면 좋을까?

화를 거칠게 표현하는 것에 대해 벌을 주거나 혼을 내서는 아이의 자발적인 행동 변화를 기대하기 어렵다. 벌을 주어도 바뀌지 않는 아이를 보며 부모는 더욱 실망할 것이다. 아이가 자신의 화가 어떤 영향을 미치는지 깨닫고 표현을 바꿔나가도록 훈련시켜 주어야 한다.

저 유명한 이솝우화 '해와 바람' 이야기를 굳이 꺼내지 않더라도 우리는 이미 알고 있다. 사람이 어떨 때 변화하는지. 다만 그 자발적인 변화의 경험을 잠시 잊고 있었는지도 모른다. '내 아이는 어떨 때 잘 배우는가?'라는 관점으로 아이를 한번 관찰해보자.

부모야말로 아이에게 가장 강력한 영향력을 미치는 사람이자, 자신의 아이에 관한 한 최고의 전문가니까.

4장

화,
안 날 수 없을까?

가만 보니 피곤할 때 화가 더 나는 것 같아요

➡ 화는 대처보다 예방이 더 중요합니다

세 아이의 엄마 유하 씨는 경기불황으로 사업에 어려움을 겪고 있는 남편이 신경 쓰지 않게 육아를 도맡아 하고 있다. 아직 취학 전인 꼬마 셋의 뒤치다꺼리를 하다 보면 하루가 어떻게 흘러가는지 모르기가 다반사이고, 아이들에게 소리 지르고 화내기가 일상이었다. 유하 씨는 다른 방법을 생각할 겨를도 없었다. 다소 폭력적이더라도 빠르게 상황을 종료시키는 것이 최우선이었다.

그녀는 특히 저녁때 화가 자주 폭발하곤 했는데, 그때쯤이면 체력과 정신력이 바닥나기 때문이다. '참을 인' 자를 새겨가며 애 셋 저녁을 먹이는데, 그 와중에 싸움이라도 일어나면 그녀의 의지는 단박에 고갈되어 큰 소리가 나가기 시작했다. 할 말 못 할 말 가리지 않았고, 매를 드는 날도 잦았다. 겨우 재워놓고 제정신이 돌아오면 후회가 밀려왔다.

'저 어린 것들에게 내가 무슨 짓을 한 거지?'

화가 이미 난 상태에서 안 내기란 빠르게 번져가는 산불을 끄는 것처럼 어려운 일이다. 그러나 그 무서운 산불도 담배꽁초 하나에서 비롯된다. 그것만 안 버리면 산불을 예방할 수 있는 것처럼, 화도 작은 생활습관들로 예방할 수 있다. 그리고 예방이 훨씬 중요하다. 화가 나는데 안 내는 게 아니라 아예 화가 안 나도록 예방하는 것이다. 화를 예방하는 생활습관을 소개한다.

1. 밥, 잠, 휴식

영유아를 둔 엄마들은 잠이 쪼개지고, 밥을 건너뛰게 되고, 종일 동동거리며 아이 쫓아다니는 게 예사다. 그래서 하루 세 끼 챙겨 먹고, 통잠을 자고, 두 다리 뻗고 느긋하게 쉬는 게 사치가 된다. 운동도 엄두를 못 내니, 체력을 계속 고갈시키는 셈이다.

배고프면 신경이 곤두선다. 잠 못 자면 피곤하고 예민해진다. 쉼 없이 일하고 달리면 진이 빠진다. 이 모두가 화로 가는 지름길이다.

마음은 몸과 밀접하게 연결되어 있어서 몸이 제대로 이완되지 못하거나 채워지지 않으면 마음도 고갈되기 쉽다. 최소한의 욕구도 채워주지 않으면서 화가 안 나길 바라는 건 공부는 하나도 안

해놓고 좋은 성적을 기대하는 것, 돈을 펑펑 쓰면서 돈이 모이기를 바라는 것과 같다.

그럼 대책은? 배고프지 않게 끼니 챙겨 먹기, 하루에 적어도 다섯 시간은 통잠 자기, 몸이 피곤할 땐 즉시 쉬기다. 개인의 체력에 따라 차이는 있지만 이 정도만 해도 좋다. 혼자서는 이 세 가지가 어렵다면 도움을 받아야 한다. 반찬은 사 오고, 식기세척기를 구입하고, 남편에게 아이들을 재우게 하라. 일을 줄이고 품을 덜면 자연스럽게 화는 줄어든다.

2. 자신의 작은 감정 알아주기

우리는 매 순간 감정과 함께한다. 인지하지 못한다고 해도 그렇다. 그리고 그 감정은 우리의 말과 행동에 끊임없이 영향을 준다. 감정은 외면할수록 커진다. 마치 "나를 좀 봐줘!"라고 외치는 듯이. 보아주지 않은 부정적 감정은 결국 화로 발전해 상대를 공격하고 우울로 발전해 나를 공격한다. 몸도 아파진다. 정체된 감정이 혈액순환을 막기 때문이다. 인스턴트 음식이나 과로보다도 더 건강을 해치는 것이 바로 막힌 감정이다.

감정에 압도당하는 이유는 감정과 안 친해서 그렇다. 보아주지 않으면 어느새 괴물처럼 커져서 우리를 잠식하는 것이 감정이다. 나에게 어떤 감정이, 왜 찾아오는지 평상시 알지 못하기 때문에 습격을 당한다. "멀쩡하다가 갑자기 화가 폭발해요"라고 말하는 사람들이 있다. 멀쩡했던 게 아니라, 마음을 보아주지 않아서 몰랐던 것이다. 사소하더라도 평소에 감정이 포착될 때마다 어떤 감정인지, 그 감정이 생긴 이유는 무엇인지, 그 감정에 대해서 어떻게 하고 싶은지를 찾아보면 감정에 휘둘리지 않을 수 있다.

하루를 마치는 의식처럼 잠자기 전 '감정 살피기'를 하면 좋다.

① 하루 중 가장 강렬한 감정을 느낀 순간을 찾아보자.

② 그때 느낀 감정에 이름을 붙여주자. '따분함', '뒷골이 땅김', '가슴이 콩닥거림', '짜증이 밀려옴' 등 몸과 마음에 일어난 감정적 반응을 언어화하는 것이다.

③ 이름을 붙이고 나서는 그런 감정을 일으킨 자극을 찾아보자. 아이 식사가 한 시간이 넘은 것 때문인지, 여름 휴가 때 시부모님과 함께 가자는 남편의 말 때문인지, 건강 검진 결과에 이상이 있으니 추가 검진이 필요하다는 소식 때문인지. 구체적인 사건이나 사람을 찾으면 된다.

④ 마지막은 해결책 찾기다. 그 일을 해결하거나 예방할 현실적인 방법을 찾아보거나 다시 그런 상황에 벌어진다면 그땐 어떻게 다르게 해보고 싶은지를 생각하는 것이다.

'나 지금 괜찮은가?', '나는 오늘 마음이 어땠지?' 이런 질문에 답해보는 시간은 5분이면 족하다. 이 짧은 자기와의 대화가 우리를 자기이해와 자기공감의 길로 이끌고 '알 수 없는 화'를 막아준다.

3. 싫은 것 억지로 하지 않기

화는 부당한 대우를 받거나 무리한 요구를 받을 때 생긴다. 부당하거나 무리라고 느끼는데도 차마 거절하지 못해 억지로 할 때, 우리 안에는 억울함이 쌓인다. 억울함은 화와 슬픔이 섞인 감정이다. 상대의 부당한 요구에 화나고 그걸 거절하지 못해서 슬프니, 결과적으로 억울해지는 것이다. 거절이 어려운 이유는 상대가 상처받을까 봐 걱정돼서다. 또 관계가 안 좋아질까 봐 아닌 걸 아니라고 말하지 못한다. 그중에서도 특히 상사나 부모님 같은 웃어른에게는 솔직하게 말하기 어렵다. 예의와 공손함이 미덕으로 여겨지는 우리 문화에서 거절은 되바라진 것으로 간주되기 십상이다.

그러나 남에게 상처 주지 않고 좋은 관계를 유지하겠다고, 자신에게는 강요해도 되는 것일까?

코칭 수업에 참여했던 한 엄마는 시어머니의 잦은 전화와 방문에 스트레스를 크게 받아 거절 근육을 키울 수밖에 없었다고 한다. 손주가 보고 싶고 고생하는 아들과 며느리 챙겨주고 싶어서 찾아오는 시어머니의 마음은 알겠지만, 그렇다고 2~3일에 한 번씩 불쑥 나타나는 시어머니를 늘 환영할 수는 없었던 그녀는 종이에 직접 멘트를 적었다.

- 어머니, 갑자기 오시면 제가 집에 없을 수도 있으니 오시기 전에 꼭 미리 전화 주세요.
- 어머니, 지금은 제가 수유 중이라 나갈 수 없으니 아비한테 음식 전해주세요. 인사 못 드려 죄송해요.
- 어머니, 아이 재우느라 전화를 못 받았어요. 8시 넘어서는 전화 잘 못 받으니까 그 전에 해주세요.

그녀는 시어머니와의 관계를 상하지 않으면서도 자기 경계를 확보하기 위해 종이에 적고 입으로 연습해보고 용기 내어 말함으로써 분노할 일을 미리 막을 수 있었다.

할 수 없는 것을 억지로 하느라 자신을 괴롭히지 말자. 기꺼이 줄 수 있는 것만 주자. 누구도 희생을 요구하지 않는다. 설령 요구하더라도 거절할 권리가 우리에겐 있다. 줄 수 있는 것만 주고, 주기로 마음먹었을 때는 기쁜 마음으로 주자. 스스로 기뻐서 한 선택이라면 희생보다는 사랑이라는 이름이 어울리리라.

4. 마음밭 가꾸기

화가 자주 나는 사람은 마음밭에 두려움, 걱정, 슬픔, 절망 등의 부정적 정서가 많은 사람이다. 커피잔을 쏟으면 커피가 쏟아지고 주스잔을 쏟으면 주스가 쏟아지는 것처럼, 우리 안의 주된 정서가 부정적이라면 자극을 받을 때 부정적 정서가 튀어나오기 쉽다. 반대로 마음밭을 행복하고 좋은 정서로 채우면 웬만한 자극에도 화로 반응하지 않을 것이다.

그렇다면 좋은 정서는 어떻게 채울까?

긍정심리학자 소냐 류보머스키Sonja Lyubomirsky는 행복은 50퍼센트는 유전자가, 10퍼센트는 현재 처한 상황(결혼생활 만족도, 직업이나 종교의 유무, 경제적 상황 또는 자녀의 상황 등)이 결정하지만 40퍼센트는 우리의 자발적 행동이 좌지우지한다고 했다. 유전자나 현재 상황은 바꾸기 어렵지만, 자신의 행동은 바꿀 수 있다. 그리고 그 행동이 우리의 행복에 큰 영향을 준다. 자신을 행복하게 하는 활동을 의식적으로 실천하면 긍정적 정서가 많아지고, 그러면 마음밭도 맑고 밝아진다. 어둠을 몰아내려 애쓸 필요 없다. 빛이 들어서면 어둠은 자연히 사라지기에.

긍정심리학에서 행복은 긍정적 정서, 몰입, 관계, 의미, 성취 등 다섯 가지 요소로 구성되어 있다. 다음 질문들에 답하면서 자신을 행복으로 이끄는 활동을 찾아보자.

- **긍정적 정서**: 무엇을 할 때 기분이 좋은가?

- **몰입**: 시간 가는 줄 모르고 집중하는 것은 무엇인가?

- **관계**: 더 많이 시간을 보내고 싶은 사람은 누구인가?

- **의미**: 내 삶을 더욱 값지게 하는 것은 무엇인가?

- **성취**: 이루고 싶은 목표는 무엇인가?

답변한 것 중에서 무엇에 가장 끌리는가? 하루 24시간 중 어딘가에 그 활동을 넣어두자. 그리고 다른 무엇보다 그것을 우선으로 챙기자. 나는 일어나서 가장 먼저 할 것으로 '읽고 쓰기'를 정해두었다. 읽고 쓰기가 나를 몰입시키고 나의 하루를 의미 있게 하기 때문이다. 며칠만 빼먹어도 곧장 티가 난다. 생각이 산만해지고 중심이 흐트러졌다는 느낌이 들어 짜증도 쉽게 난다. 어떤 좋은 행동도 습관으로 익어가는 데는 시간이 걸린다. 처음엔 작게 시도하자. 그리고 시행착오를 허락하자.

제 마음을 제가 잘 모르겠어요
➡ '화일지'로 자신의 마음을 관찰해보세요

마음은 몸을 움직이고, 행동을 이끌고, 관계와 일 나아가 삶을 쥐고 흔든다. 그렇게 중요한데도 우리 눈에 보이지 않기에 그 중요성을 종종 잊게 되고 자기 마음이 어떤지 살피지 않게 된다. 하루에도 6만 가지 생각을 한다고 하는데, 그중 내 진짜 마음은 어떤 것일까?

생각의 늪에서 허우적대느라 자신의 마음을 명료하게 알기 어려운가? 그렇다면 마음을 겉으로 표현해보자. 글과 말로 표현해보면, 마음의 정체가 보다 명확해진다. 말은 들어줄 상대가 필요하고 시간과 장소의 제약도 따르기에, 여기서는 글로 마음을 이해하는 법을 소개해볼까 한다.

12월 18일

- **상황:** 아침 8시, 이유식 먹일 때 남편은 그걸 봤지만 다시 잠듦.

- **감정:** 서운한, 실망스러운

- **생각:** 같이 하면 좋겠다. 그럼 잠깐이라도 셋이 함께 시간을 보낼 수 있을 텐데. 그런데 다시 누워 자다니, 이 상황에 별 관심이 없나 보네?

- **욕구:** 내가 뭔가를 할 때 관심 가지고 신경 써주면 좋겠다. 출근 전에 잠깐이라도 함께하는 시간을 갖고 싶다.

12월 21일

- **상황:** 남편의 퇴근 시간이 늦어짐.

- **감정:** 거슬리는, 신경 쓰이는, 아쉬운

- **생각:** 퇴근은 항상 늦어. 오늘은 더 늦네? 이렇게 늦으면 애 볼 시간도 없을 텐데.

- **욕구:** 자기 전에 아이가 아빠를 잠깐이라도 보고 잠들면 좋겠다. 집에 6~7시 정도에 오면 함께하는 시간이 많아지고, 잠도 더 일찍 잘 수 있으니 덜 피곤할 텐데.

개인 코칭을 받은 수미 씨가 적은 화일지의 일부다. 욱하지 않고 화를 조절하고 싶어서 코칭을 신청한 수미 씨는 처음에는 화일지를 적기 어려워했다. 남편과 아이에게 향해 있던 시선을 돌려

자기 마음을 본다는 것이 낯설었고, 감정을 찾기도 어려워서다. 무엇보다 욕구 부분을 적는 걸 어려워했다. 수미 씨는 이렇게 고백했다.

"세상에는 이렇게 다양한 감정이 존재하는데 저는 그동안 제 감정들은 대부분 단순하고 비슷하다고 생각했던 것 같아요. 내가 느끼고 있는 이 감정이 정확히 어떤 것인지 구분해내는 것부터가 어렵더라고요."

그러나 적다 보니 자신의 감정을 빨리 알아차리게 됐고, 욕구와 연결 지어 생각하기도 쉬워졌다. 수미 씨는 자기만의 패턴도 발견했다. 남편에게 자꾸 기대하고, 그 기대가 채워지지 않을 때 실망하고 서운해서 결국 화를 내는 모습을 말이다.

"저는 사랑하는 사람한테 늘 관심을 받고 싶고 함께 있으면서 외로움을 달래고 싶다는 욕구가 강한 것 같아요."

처음에 자신이 화를 내는 이유를 아이와 남편에게서 찾았던 것을 생각해보면 놀라운 발전이다. 자신의 오랜 욕구 패턴을 찾았으니 말이다.

화를 일으키는 자극과 화났을 때 대처하는 방식에서 사람들은 보통 패턴이 있다. 비슷한 것들에 화가 나고, 비슷한 방식으로 화를 낸다. 그런데 재미있는 것은 자기 패턴을 스스로 알지 못한다는 것이다. 다른 사람 눈에는 훤히 보여도 자기는 잘 모른다. "내가 언제 화냈다고 그래!"라며 소리를 지르는 사람, 주변에 한두 명은 꼭 있지 않은가? 꾸준히 기록을 남긴다는 것이 쉽진 않지만, 화일지를 3주 정도 작성해본 엄마들은 하나같이 말한다.

"화일지 덕분에 제 패턴을 알게 됐어요!"

마음이 너무 어지러워 양식에 맞춰 쓰기 어렵다면 다른 방법도 있다. 바로 의식의 흐름대로 쓰는 '비밀화일지'다. 손이 움직이는 대로, 생각이 떠오르는 대로 휘갈겨 쓰는 것이다. 줄리아 카메론 Julia Cameron이 아티스트들의 창조성 회복을 돕고자 소개한 도구로 '모닝페이지' 방식에 착안했는데 마음이 실타래처럼 엉켜 있어서 잠깐의 집중도 어려울 때 좋은 방법이다.

노트를 펼친다. 누구에게도 보여주지 않는 나만의 비밀노트다. 펜을 든다. 손에게 맡긴다. 생각이 흐르는 대로 노트에 옮긴다. 맞춤법이 틀려도 그대로 쓴다. 말이 안 되는 문장이어도 괜찮다. 문장이 중간에 끊겨도 괜찮다. 욕이 나오면 욕을 쓴다. 생각이 안 나면 '생각이 안 난다'라고 쓴다. 손이 멈추면 '손이 멈췄다'라고 쓴다. 생각의 속도가 너무 빨라 손이 따라가지 못하면 '생각이 너무 빠르다'라고 쓴다.

중요한 것은 내 생각과 감정을 '비판자'의 시선으로 평가하지 않는 것이다. 내면에서 지금 이 순간 일어나고 있는 일들을 그대로 종이에 옮기는 것이다. 모닝페이지는 아침에 눈을 뜨자마자 3쪽을 채우라고 하지만, 우리는 창조성 프로젝트를 하는 아티스트가 아니기에 분량은 관계없다. 마음이 잠잠해질 때까지 쓰면 된다.

비밀 화일지는 내 감정의 하수구다. 시원하게 비워내면 된다. 다 비웠으면 덮는다. 다음에 생각날 때 꺼내서 휘갈겨 쓴 글을 읽어보면, 스스로 보일 것이다. '내가 많이 힘들었구나', '내가 그것 때문에 화가 났구나' 하는 생각이 들 것이다. 이건 마치 잘 들어주는 친구 앞에서 이야기를 털어놓고 나면 정리되는 것과 같다. 우리에게는 스스로 알아차리는 힘이 있다. 그리고 그렇게 자기와 깊이 연결될 때 자기 현실에 맞는 해결책도 쉽게 찾을 수 있다.

세상에서 가장 많은 대화를 나누는 상대는 나 자신이다. 당신은 자신의 마음을 얼마나 잘 알아주고 있는가? 어떤 대화가 오가는지 얼마나 아는가? 그 대화를 얼마나 경청하고 공감하는가? 화일지는 자기공감이 어려운 사람들에게 유용한 도구다. 자기공감은 자기표현의 첫 단계다. 내 마음을 알아야 표현을 할 수 있기 때문이다. 자기 안의 대화를 알아차리고 공감할수록 우리 마음도 평화에 다가갈 수 있다.

당연한 것에 딴지 걸 때 화가 나요
➡ 정말 당연한지 검토해보세요

지인 중에 정신과 의사가 있는데 그가 이야기해준 아내와의 에 피소드가 기억난다. 어느 날 초등학생 아들이 열이 펄펄 끓어서 학교를 보낼지 말지 고민이었단다. 아내는 하루 쉬게 해주자고 하고, 남편은 그래도 보내야 한다고 하는 상황이 연출됐다.

"몸 좀 아프다고 학교 빼먹고 그러면 안 돼. 습관 돼."

아내도 물러서지 않는다.

"아니, 아프면 쉬어야지 뭔 소리예요. 이 몸으론 가도 금방 조퇴해야 해."

한마디도 지지 않는 아내에게 더 열 받아 그는 버럭 화를 내고 출근했다고 한다.

"에잇, 맘대로 해! 의사 말 안 듣다가 어떻게 되는지 보자고!"

'아파도 학교 가야지'와 '아프면 쉬어야지'의 팽팽한 대결은 일단 거기서 멈추었다.

우리 안에는 저마다 굳게 믿고 있는 생각들이 있다. '당연히 ~
해야지'라는 믿음이다. 부모라면, 여자라면, 직장인이라면, 상사라
면, 며느리라면, 학생이라면 어떻게 해야 하는지에 대한 상을 저마
다 가지고 있다. 역할에 대해서만이 아니다. 앞의 사례에서처럼 아
플 땐 어떻게 해야 하는지부터 돈은 어떻게 대해야 하는지, 말은
어떻게 해야 하는지 등 모든 것에 대해 나름대로 신념을 가지고
있다. 세상의 많은 갈등은 이 뿌리 깊은 신념이 부딪힐 때 생긴다.

- 부모라면 자식을 품어줘야지 vs. 부모라면 따끔하게 가르쳐야지

- 여자라면 나긋나긋해야지 vs. 여자든 남자든 자기다운 게 최고지

- 월급 값은 해야지 vs. 회사에 충성해봤자 알아주는 사람 없어

- 상사라면 직원들을 잘 이끌어줘야지 vs. 상사라면 유능해야지

- 돈은 아껴야지 vs. 쓸 땐 써야지

- 말은 조심스럽게 해야지 vs. 말은 솔직히 해야지

- 과정이 중요하지 vs. 결과가 중요하지

- 하고 싶은 일이 우선이지 vs. 책임이 먼저지

물론 분명하게 대척되는 관점만 있는 것이 아니고 그 사이 어디

쯤 수많은 결의 다양한 신념이 존재한다. 100명에게 '돈'에 대해 묻는다면 100개의 대답이 나올 것이다.

신념은 안경과 같다. 빨간색 안경을 끼면 빨갛게 보이고 파란색 안경을 끼면 파랗게 보이는 것처럼, 우리는 신념이라는 안경을 통해 세상을 보고 판단한다. 그리고 오래 착용하면 익숙해져서 거의 내 몸의 일부분과 같아지고, 없으면 불편해진다.

자식을 품어야 한다고 믿는 엄마와 따끔하게 가르쳐야 한다는 아빠는 육아 현장에서 매일같이 부딪힌다. 아이가 넘어졌을 때 엄마는 안아서 '호호' 해줄 것이고, 아빠는 "그러니까 길 잘 보고 다니랬지. 왜 그렇게 조심성이 없어?"라고 혼낼 것이다. 돈은 아껴 쓰는 것이라고 믿는 남편과 쓸 땐 써야 한다고 믿는 아내는 어쩌면 물건 하나 살 때마다 다툴지도 모른다. 남편은 "이걸 왜 샀어? 쓸 데도 없는 걸 뭐하러 이렇게 사들여. 당신은 어떻게 된 게 돈을 그렇게 펑펑 써! 돈이 어디서 솟아나는 줄 알아?"라고 소리 지르고, 아내는 "내 맘대로 그거 하나 못 사? 내 돈 내가 쓴다는데 무슨 말이 그렇게 많아? 왜 그렇게 쪼잔해?"라고 맞받아칠 것이다.

다음 빈칸을 한번 채워보자. 처음 떠오르는 문장을 적으면 된다.

엄마는 ＿＿＿＿＿＿＿＿＿＿＿＿＿＿ 해야 해.

아빠는 _____ 해야 해.

부모는 _____ 해야 해.

자식은 _____ 해야 해.

며느리는 _____ 해야 해.

시부모님은 _____ 해야 해.

집안일은 _____ 해야 해.

돈은 _____ 해야 해.

신념은 외부로만 향하지 않는다. 자기에게도 적용된다.

한번은 엄마들과의 워크숍에서 '나는 ~해야 해'의 빈칸을 채우게 했는데, 그 작업을 한 진선 씨가 이렇게 고백했다.

"처음 떠오른 생각이 '나는 모든 걸 잘해야 해'였어요. 어렸을 때부터 쭉 그렇게 자라온 것 같아요. 실수를 하거나 엉성하게 처리하면 안 된다는 생각을 늘 했어요. 아이 키울 때도 마찬가지였어요. 이해가 안 된다는 걸 받아들일 수가 없었어요. 그래서 아이에 대해 이해 안 가는 부분이 생기면, 논문까지 뒤졌어요. 왜 얘는 이것밖에 안 잘까 하는 의문이 들면 관련 책들을 다 뒤진 거죠."

처음에 안경을 낀 것은 필요에 의해서였다. 더 잘 보려고. 신념도 마찬가지다. 그 신념이 처음에는 삶을 유지하는 데 필요했기에 받아들인 거다. 진선 씨의 신념은 부모님께 수없이 들었던 말이고 부모님의 눈초리에서 늘 느꼈던 기대다. 부모님의 기대를 채워주기 위해, 착하고 인정받는 딸이 되기 위해 접수한 '잘해야 해'라는 신념이 이제는 너무나 오래된 나머지 마음의 일부가 되어버렸다. 자신이 그런 신념에 자기를 가두고 있다는 것도 모를 정도로.

예를 들어 부모님이 편찮으시거나 해서 어리광을 피울 수 없는 환경에서 자라났다면 '나는 강해져야 해. 힘들어도 울면 안 돼'라는 생각을 계속 다지게 된다. 그 신념이 없었다면 부모님을 원망하고 자기 자신을 팽개쳐버렸을지도 모른다. '울면 안 돼'라는 신념이 어려운 시절을 버티게 해준 원동력이자 디딤돌이 된 것이다.

그러나 상황이 바뀌었는데도 그 신념을 계속 유지한다면 어떻게 될까? 도움이 필요한데도 도움을 요청하지 못하고, 견딜 수 없이 슬픈데도 울지 못하는 감정 불능이 될 수 있다. 나아가, 다른 사람이 힘들다고 하소연해도 공감하기 어려워진다. "나는 힘든 시기 다 버텨냈는데 나약하게 왜 그래?"라면서.

시력이 바뀌면 안경을 바꾸는 것처럼, 상황이 변하면 신념도 바꿀 필요가 있다. 나와 타인의 생각이 심하게 부딪혀서 삐걱거릴 때, 현실이 자꾸 내 뜻대로 안 될 때 그때가 나의 신념을 점검해보라는 신호다.

진선 씨는 자신의 신념을 발견한 이후 많이 편안해졌다. "제가 '잘해야 한다'라고 스스로를 다그치고 있었다는 걸 깨닫고 나니까, 그냥 편해졌어요. '그러지 않아도 되는데…'라고 저 자신을 다 독여줬어요."

처음 소개한 정신과 의사의 이야기로 돌아가 보자. 아내에게 소리를 지르고 출근한 그는 진료를 보는 동안에도 아침의 일이 머릿속에서 떠나질 않았다. 남편 말을 귀담아듣지 않는 아내에 대한 분은 어느 정도 가라앉았는데, 자신이 왜 학교를 꼭 보내야 한다고 주장했는지 이해가 안 되는 것이다. 의사 입장에서 봐도 열이 나고 감기 기운이 있을 때는 최대한 쉬는 게 좋은데, 아파도 학교에는 가야 한다고 왜 고집을 피웠을까?

조금 생각하니 답이 나왔다. 그 말은 어릴 적부터 아버지에게 늘 듣던 말이었다. 성실과 인내를 중시하는 아버지는 몸이 아파도 마음이 약해져도 할 건 해야 한다고 귀에 딱지가 앉도록 말씀하셨고, 그 가르침이 내면화되어 자신도 같은 말을 하고 있었던 것이다.

우리도 한번 생각해보자. 앞에서 빈칸을 채워 넣은 문장들을 다시 읽어보자. 당연하다고 믿는 그것이 정말 당연한 것일까? 왜 그렇다고 믿는가? 근거가 있는가? 그 믿음은 어디에서 왔는가? 반대의 의견을 주장하는 사람들의 근거는 무엇인가? 그들의 주장이 맞았던 경험을 해본 적은 없는가?

어쩌면 세상에 당연한 것은 없는지도 모른다. 지구는 평평하다는 믿음이 지금은 거짓으로 밝혀진 것처럼. 여자는 남자 말에 순종해야 한다는 믿음이 최근 30년을 지나면서 서서히 무너진 것처럼. 세상은 변하고 생각도 달라진다. 당신이 붙들고 있는 신념은 그 변화를 따라가고 있는가?

친정엄마가 사는 모습을 볼 때마다 숨이 막혀요

➡ 그의 삶은 그의 것입니다

세 아이의 엄마 은희 씨는 친정엄마 때문에 갈수록 마음이 무겁다. 가끔 가족 행사로 만날 때마다 여전히 자기 멋대로인 아버지와 힘들어하면서도 순종하는 엄마를 보면 속이 타오른다. 가까이 살면서 안 볼 수도 없는 노릇이라 더 그렇다. 독재적이었던 친정아버지에게선 마음을 거둔 지 오래, 그 곁에서 고생하는 엄마를 볼 때마다 안쓰러워 미칠 지경이다. 불타오르는 마음에 괴로운 나머지 화코칭 워크숍에서 은희 씨는 이 부분을 살펴보기로 했다.

- 가장 화나는 상대는 누구인가요?

- 그 사람이 어떻게 해야 하나요?

- 그 주장의 증거는 무엇인가요?

- 그 생각을 할 때 당신은 어떻게 말하고 행동하나요?

- 만약 그 주장을 내려놓는다면 어떤 점이 좋을까요?
- 그 주장이 없다면 상대가 어떻게 보일까요?

바이런 케이티Byron Katie의 '네 가지 질문' 프로세스를 한국화한 질문들이다. 은희 씨와의 대화를 요약하면 아래와 같다.

화나는 상대	친정엄마
나의 주장	자유로워져야 한다
주장의 근거	엄마가 너무 구속되어 있으니까 엄마 삶이 힘들다.
주장의 영향	엄마에게 잔소리한다. 엄마만 보면 한숨이 나온다.
주장이 없다면(1)	내가 편해질 것 같다. 엄마랑 좀 더 재미있는 걸 해볼 수 있을 것 같다.
주장이 없다면(2)	'엄마는 힘들 텐데 왜 저렇게 살까?'가 궁금하다. '이혼하지 않고 사는 걸 보면 엄마 나름대로 좋은 점도 있어서 그러는 게 아닐까?' 하는 생각이 처음 든다.

어릴 적부터 아빠를 싫어했던 은희 씨는 "우리 신경 쓰지 말고 이혼해"라고 엄마에게 말하곤 했다. 결혼해 아이를 낳아 키우면서 '엄마의 삶'이 얼마나 고달픈지 직접 깨달은 은희 씨는 엄마에게 더 강하게 말하곤 했다. "노후 걱정 말고 이혼해."

엄마를 볼 때마다 안타까워하고 답답해했던 은희 씨에게 '엄마가 저 삶을 선택한 이유'에 대한 호기심이 난생처음 생겨났다. 그녀는 처음으로 '엄마가 진짜 원하는 건 뭘까?'라는 질문을 떠올렸다.

엄마의 삶은 누가 선택한 걸까? 아무리 상황이 받쳐주지 않았더라도, 두렵고 자신이 없었을지라도 속 끓이는 남편과 끝내 살기로 한 것은 엄마 자신이다. 그것은 내가 바꿀 수 있는 일도, 바꾸라고 강요해서도 안 되는 일이다. 엄마는 자신의 삶을 선택할 권리가 있고, 그 삶을 선택한 데는 나름대로 이유가 있기 때문이다. 다른 사람에게 그 선택을 바꾸라고 제안할 수는 있으나, 거절할지 말지 역시 그의 권한이다.

우리는 남의 일에 개입하면서 감 놔라 배 놔라 하길 좋아한다. 우리 멋대로 그의 삶을 재단하고 평가하고, 내 기준에 따라 칭찬과 비난을 오가기도 한다. 비단 엄마에 대해서만 그런 것이 아니다. 아이의 선택에 대해서, 남편의 선택에 대해서, 친구의 선택에 대해서 이러쿵저러쿵 간섭하고 조언한다. 그리고 조언이 받아들여지지 않을 때는 어김없이 화가 난다. 아끼는 사람일수록 그렇다. 애초부터 강요였기 때문에. '내가 옳다'라는 생각은 그래서 위험하다. 내가 틀릴 수도 네가 맞을 수도 있다.

다음 단계는 문장 바꾸기다. '엄마는 자유로워져야 한다'라는 문장을 다음과 같이 바꿔본다.

주어 바꾸기	나는 자유로워져야 한다. → 초점을 상대에게서 나로 돌린다.
주어·목적어 바꾸기	나는 엄마의 자유에 자유로워져야 한다. → 나부터 잘 하고 있는지 점검해본다.
동사 바꾸기	엄마는 자유로워지지 말아야 한다. → 내 주장과 반대 인 상대를 나는 얼마만큼 수용할 수 있을까?

다른 사람에게 '~하라'라고 말하는 경우 그것이 반복적일수록, 어조가 강할수록, 수용되지 않을 때 화가 많이 날수록 그것은 '나의 가치'일 가능성이 크다. 성실을 중시하기에 불성실한 사람을 싫어하고, 도전을 좋아하기에 안정을 추구하는 사람에게 '나태'하다고 손가락질하고, 예의를 중시하기에 허물없이 구는 사람에게 인상을 찌푸린다. 나에게 중요한 가치이므로 다른 사람에게도 자꾸 권하는 것이다. 그러나 그것이 '가치'를 넘어서 '강박'이 되면 나와 다른 가치를 가진 사람을 경계 짓고 비난하게 된다. 나에게 중요한 가치가 '정답'이라고 착각하기 때문에 벌어지는 일들이다.

가치는 선호이고 선택이지 정답이 아니다. 나에겐 가족이 중요하지만 상대에겐 성취가 중요할 수 있다. 그 사람에겐 그만의 가치가 있다. 나의 가치가 그의 가치보다 우월한 것도 아니다. 그리고 당연히 그는 자기만의 가치에 따라 선택할 권리가 있다.

부모들은 종종 아이들에게 '너를 위해서'라며 말한다.

- 너 좋으라고 채소 먹으라는 거지. 너 먹이려고 얼마나 힘들게 요리하는 줄 알아?
- 그렇게 소심해서 어떻게 친구 사귈래? 좀 당당하게 해봐, 어!
- 누가 나 좋으라고 공부하래? 너 잘되라고 하는 소리 아니야!
- 대학 떨어지고 싶어? 아니지? 그러니까 이번 시험 성적 꼭 올려야 해. 알 겠지?
- 군말 말고, 대학 들어갈 때까진 나 죽었소 하고 공부해. 하고 싶은 건 대학 가서 하면 되잖아. 나중에 나한테 고맙다고 할 거야.

'너를 위해서'인데 정작 '너'의 가치는 안 보인다. '너'가 싫다는 데도 '내 말 들어'라고 한다. 이렇게 너를 위한 조언들이 다 맞았 다면, 대한민국의 아이들은 행복해야 마땅하다. 그러나 그렇지 못 한 현실을 우리는 목격하고 있다. 청소년들의 행복률, 우울증 비율, 자살률 통계를 접할 때마다 안타깝고 막막하다.

모든 부모가 '널 사랑해서' 하는 말과 행동들인데, 우리 아이들 은 왜 행복하지 않은 걸까? 부모는 사랑을 주는데, 왜 아이들에게 전달되는 것은 사랑이 아니라 잔소리이고, 간섭이고, 강요일까?

그것은 아마도 부모가 '널 위해서'라면서 '너의 선택권'에는 눈감고 있어서가 아닐까? 아무리 세상 물정 모르더라도, 지식과 경험이 부족하더라도, 미래에 대한 예측 능력이 떨어지더라도 무엇을 선택할지 아이 스스로 생각해볼 수 있다는 걸 간과하기 때문에 아닐까? 그리고 그렇게 스스로 선택할 때, 결과에 대해서도 책임질 수 있다는 것을 잊어서가 아닐까?

은희 씨는 이 작업 끝에 '엄마의 자유'보다 '자신의 자유'를 위해 노력하기로 했다. 어두운 청소년기를 마치고 대학에 들어가 '음악 활동'에서 자기를 찾았다는 은희 씨. 사실 가장 자유에 목말랐던 것은 그녀 자신이었다. 아이를 키우면서도 우쿨렐레를 연주하며 엄마들과 공연을 했고, 언젠가는 자기만의 곡을 써보고 싶다는 꿈도 있다. 그러나 자기 목소리를 내는 것에 대한 두려움 때문에 망설이고 주저하던 참이었다. 은희 씨는 이제 자신을 자유롭게 해주기로 했다. 그리고 엄마에겐 안타까움과 답답함에서 나온 강요가 아니라 연민과 사랑에서 비롯된 제안과 요청을 하겠다고 했다.

바꿀 수 없는 것을 받아들이는 겸손과 바꿀 수 있는 것을 바꾸는 용기, 그리고 그 둘을 구분하는 지혜, 그것이 우리에겐 필요하다.

점점 미워지는 남편, 싸워도 해결이 안 돼요
➡ 누군가를 대상화할 때 더 쉽게 화가 납니다

한번은 이런 일이 있었다. 머리를 말리려고 드라이어를 찾았더니 전선이 꽁꽁 매어져 있었다. 어찌나 단단하게 말아놓았는지 잘 풀리지 않아 툴툴대며 전선을 풀었다.

"왜 이렇게 꽁꽁 매놨어!"

며칠 뒤 집 청소를 하는데 전선이 풀린 채 바닥에 놓여 있는 드라이어를 보았다. 기나긴 전선을 감으면서 또 툴툴댔다.

"왜 이렇게 다 풀어놨어!"

물론 화의 대상은 남편이었다. 드라이어를 사용한 주범이니까. 매놨다고 짜증 내고 풀어놨다고 짜증 내고, 나는 그렇게 남편의 행동에 대해 모순된 불만을 느꼈다.

이 일은 빙산의 일각일 뿐, 아이가 태어난 후 남편과의 사이에서 예측도 준비도 안 된 갈등들이 많이 일어났다. 육아와 살림에서 도움도 받고 대화도 많이 나누고 싶었지만 그는 늘 피곤해했다. 대화도 잘되고 호흡도 잘 맞는 사이였는데 점점 거리가 생겼다. 나에겐 불만이 쌓여갔다. 주말에 아이가 아빠를 찾는데도 스마트폰만 보고 있거나, 피곤하다며 계속 잠을 자는 남편을 볼 때면 특히 참기가 어려웠다. 내 안에선 이런 생각들이 올라왔다.

- 주중에 못 봐놓고 애가 보고 싶지도 않나? 가족적인 줄 알았는데 아니었어.
- 애한테 모범을 보여야지, 왜 저렇게 스마트폰을 보고 있지? 한심해.
- 체력이 왜 저렇게 약해. 그쯤 잤으면 일어날 때가 되지 않았어? 약해빠져서는.
- 주말엔 역할을 분담해야 나도 좀 쉴 거 아냐. 이기적인 사람 같으니라고.
- 아이 씻기는 법은 몇 번을 말해줘야 아는 거야? 일부러 저러는 거 아니야?
- 가족에게 무관심해. 우리를 사랑하는 게 아니야.

그 생각들이 반복되면서 점점 그는 나에게 '부족한 사람'이 되어갔다. 문제가 많은 데다 그런 문제를 고쳐볼 의지도 없는 사람, 응당 해야 할 일을 내팽개치는 무책임한 사람으로 느껴졌다. 반면 나는 맡은 일을 척척 해내는 '올바른 사람'으로 여겼다. 무책임하고 이기적인 그 사람 때문에 나는 피해를 본다고 느꼈고, 그 사람이 바뀌어야 우리 가족이 행복해질 것 같았다. 생각이 거듭될수록 나는 화의 늪으로 빠졌다. 그는 바뀌지 않았고 바뀔 것 같지도 않았기 때문이다.

'서로 사랑했고, 그래서 아이를 낳은 건데 우리 사이가 왜 이렇게 됐을까' 어느 날 문득 의문이 들었다. 개인 고객을 코칭할 때처럼 나한테 물었다.

- 채워지지 않은 기대는 무엇이지?
- 그래서 내 감정은 어떻지?

나는 그에게 관심과 도움을 기대하고 있었다. 아이에 대해 늘어놓는 시시콜콜한 에피소드들, 일에 대한 고민과 기쁨에 대해 그가 애정 어린 눈빛으로 귀 기울여 들어주길 기대했다. 또 혼자 해내기 버거운 육아와 살림에 대한 도움도 절실했다. 퇴근해선 좀 지쳤더라도 아이 목욕은 챙겨줬으면 좋겠고, 빨래건조대 위 빨래를 지나치지 않기를 바랐다. 무엇보다 나는 내가 힘들다고 징징댈 때 "그래, 힘들지. 자기 고생하는 거 알고 있어. 항상 고맙게 생각해"라고 말해주길 기대했다. 그러나 기대는 채워질 때보다 채워지지 않을 때가 많았고, 그때마다 나는 번번이 실망하고 서운해서 마음이 차갑게 식었다.

나의 기대와 감정이 명료해지자 문득 아이가 생기기 전이 떠올랐다. 그는 늘 따뜻한 사람이었다. 내가 어떤 이야기를 해도, 심지어 투정을 부리거나 화를 내도 '그럴 수도 있지'라고 품어주는 사람이었다. 그의 품에 기대어 쉬고 있으면 마음이 말랑말랑해졌고, 다시 뛸 힘을 얻었다. 우리 관계에서 나는 활기를, 그는 넉넉함을 맡고 있었다. 그의 품이 좋았던 나는 아이가 생겨도, 바쁘고 힘들어도, 마음이 지쳐 있어도 그가 늘 '기댈 수 있는 품'이 되어주길 기대했다. 그리고 그 기대는 이내 강요로 이어졌다.

사람을 보는 시선에는 두 가지가 있다. '대상'과 '존재'다. 대상으로 본다는 것은 '나의 기준을 충족시켜줘야 하는 상대'로 본다는 것이다. 이때 우리는 상대를 내 기준이나 판단에 따라 정한 역할이나 기능으로 한정한다. 그 사람의 일부만 보게 되는 것이다. 반면 존재로 볼 때는 그 사람의 감정과 욕구, 가능성과 한계 전체를 보게 된다. 나에게 아무런 유익을 주지 않아도, 심지어 피해를 주어도 그것과 관계없이 그 사람의 '있음' 자체를 존중하는 방식이다.

나는 남편을 대상으로 보고 있었다. 미안한 마음이 들었다. 그 사람도 힘들 때가 있었을 텐데 '나는 품어주지 않으면서 더 열심히 안 하냐고 쪼기만 했구나' 갑자기 남편의 안부가 궁금해졌다. 회사에서 어떻게 지내는지, 집에 왔을 때 나와 아이를 볼 때 마음이 어떤지, 요즘 건강은 어떤지, 밖에서 밥은 잘 챙겨 먹고 있는지, 일 때문에 스트레스가 많진 않은지, 아이를 맞이하고 나서 생긴 큰 변화가 그에겐 어떻게 느껴지는지.

잠깐만 돌아봐도 알게 된다. 그도 나처럼 변화에 적응하느라 힘겨워하고 있었다. 외벌이로 전환하면서 밥벌이의 책임이 더 무거워졌기에 회사 일에 더 신경 써야 했고, 집에선 또 뭐라도 거드느라 쉬지 못했다. 나름 노력한다고 하는데도 아내에게서 듣는 소리는 "고마워", "수고했어"가 아니라 "왜 이거밖에 못해!"라는 말이었다. 친구들 모임은 물론 회식도 간다고 하기 눈치 보였고, 주말에 스마트폰 보면서 잠깐 쉬는 것도 마음 편히 하지 못했다.

그 사람의 시선으로 그 사람의 일상 전체를 들여다보니, 어찌나 안쓰럽던지.

그 사람도 나처럼 최선을 다하고 있었다. 그 사람도 나처럼 행복해지려고, 불행해지지 않으려고 노력하고 있었다. 그 사람도 나처럼 아이에 대해, 육아에 대해 하나씩 배워나가고 있었다. 그 사람도 나처럼 혼란을 겪고 슬픔을 겪고 외로움을 겪고 있었다. 그 사람도 나처럼 기대어 쉴 품을 필요로 했다.

잊고 있던 남편의 전체가 보였다. 부모님 도움 없이 혼자 힘으로 서울에 올라와 일을 하고 가정을 일구고 자기 일과 가정을 최선을 다해 지켜가는 사람. 부모님에게서 사랑과 신뢰를 받고 자란

귀한 사람. 마음이 따뜻하고 배려심이 깊은 사람. 그런 사람이 일과 가정의 양립을 위해 점점 말라가고 있었다. 그 사람도 나랑 사느라 고생 많겠구나, 더는 의지할 수만은 없겠구나, 나도 그에게 품이 되어줘야겠다 싶었다.

우리는 늘 두 가지 관점 중 하나를 선택한다. 아이도, 남편도, 부모님도, 친구도, 직장에서 만나는 동료들도, 식당이나 마트 직원도 두 관점 중 하나로 본다. 어떤 사람은 쭈욱 대상으로 보고 어떤 사람은 쭉 존재로 보기도 하지만, 보통은 양쪽을 왔다 갔다 한다. 예를 들어 많은 엄마가 '둘째는 사랑'이라는 말을 한다. 아이의 행동에 대해 좋고 싫음의 분별이 없고 뭘 해도 예쁘다는 뜻이다. 한편 첫째는 아무리 이해해보려고 노력해도 잘 이해가 안 된다고 한다. 첫아이다 보니 기대도 많고, 노력도 많이 하고, 그래서 결과에 따라 실망도 많이 해서 그렇다.

그렇다면 이런 질문이 떠오른다. 우리는 어떨 때 다른 사람을 '대상화'하는가? 다른 사람을 늘 존재로 대하는 사람은 어떤 사람인가?

여기에 진짜 비밀이 숨어 있다. 우리는 자신을 '대상화'할 때 타인을 '대상화'하는 경향이 있다. 자기 자신에게 특정 역할의 책임만 강조할 때, 일정 기준에 도달하라고 채찍질하고 그 기준에 도달하지 못하면 '부족하다'라고 낙인찍을 때, 자신의 감정과 욕구를 헤아리지 않고 존중하지 않을 때, 자신의 노력과 수고를 외면하고 결과만으로 평가할 때 우리는 자신의 존재와 단절되고 자신을 대상으로 본다. 그리고 다른 사람까지 대상화한다.

나를 대상으로 볼 때 나는 내가 못마땅해진다. 그 역할에 기대되는 바를 마땅히 해내야 할 것 같다는 압박감이 든다. 잘하는 것도 없고, 앞으로 잘될 것 같지도 않아서 불안하다. 다른 사람은 다 자기만의 꽃을 피우는데 나만 뒤처졌고 초라하다고 느껴진다. 더 빨리, 더 열심히 해야 할 것 같아 조바심이 난다.

그러나 나를 존재로 보면 마음이 놓인다. 내가 노력하고 있다는 것을 내가 알아준다. 고생 많았다고 어깨를 토닥여주고, 앞으로 더 잘될 거라고 격려해준다. '너에겐 아직 아무도 모르는 커다란 씨앗이 있어'라고 눈을 찡긋해준다. 그리고 그럴 때 나는 이완되고 몰입하고 짧은 시간에 더 많은 일을 해낸다.

우리 모두는 소중하다. 저마다 살아야 할 이유가 존재하고, 세상에 기여하는 바가 있다. 저마다 더 행복해질 권리와 자격이 있고, 누구나 최선을 다하며 살고 있다. 누구도 다른 사람을 자신의 필요에 도구로 써서는 안 된다. 모든 사람은 역할, 능력, 부, 권력, 성별이라는 딱지를 떼고 그 자체로 존재할 가치가 있다.

엄마 역할에 자신을 국한해서는 안 된다. 엄마 역할에 우리 존재를 묻어서는 안 된다. 자신이 가진 엄마상에 자신을 욱여넣어서는 안 된다. '엄마라면 마땅히 ~해야 한다'라는 생각이 강한 엄마일수록 불행하다. 지금 이 시기에 엄마 역할이 큰 자리를 차지하고 있을 뿐이지, 우리 존재 전체는 아니다. 존재는 역할보다 크다.

온전히 자기 자신으로 존재하는 시간이 필요하다. 자신의 존재를 위해 하루 한 시간이라도 쓰면 어떨까? 있는 그대로의 나로 존재하고 존재의 목소리를 들을 수 있는 시간 말이다. 처녀 적 친구와의 수다, 좋아하는 꽃 사다 꽂기, 화사하게 화장하기, 정성 들여 머리 손질하기, 따뜻한 욕조에 몸 담그고 와인 한잔 마시기, 미드 한 편 아껴 보기, 배 깔고 엎드려 만화 보기, 해보고 싶던 취미 시작하기, 좋아하는 음악 크게 틀어놓고 따라 부르기, 잃었던 경력을 다시 시작하기 등등 내키는 걸 해보자. 자신, 소중한 바로 자신을 위해서 말이다. 우리의 화를 녹이는 것은 '존재로서 느끼는 충만감'이다.

5장

이럴 땐 이렇게,
실전 화코칭

대여섯 번 말해도 안 들으면 화가 폭발해요
➡ 원하는 행동을 구체적으로 요구하세요

여섯 살 남자아이, 한 살 여자아이 남매를 키우고 있는 엄마입니다. 아이를 낳고 키우면서 체벌은 무슨 일이 있어도 하지 않겠다고 다짐했고 아직까지는 매를 들거나 한 적은 없습니다. 그런데 가끔은 매만 안 들었지 애한테 소리 지르고 화내고 하는 게 체벌과 뭐가 다른가, 오히려 더 나쁜 거 아닌가 하는 생각이 들어요. 그러면 우울해지고 미안해집니다. 하지만 미안한 것도 잠시, 또 화를 내고 있는 저를 보곤 하지요.

그렇다고 처음부터 화를 내는 것은 아니고 책에서 배운 대로 아이에게 다섯 차례까지는 이야기를 해요.

예를 들면 외출 준비를 안 하고 늑장 부릴 때 이렇게 말합니다.

"○○야, 엄마가 옷 꺼내놨으니 입자."

"○○야, 시곗바늘이 6에 가면 우리 나가야 해. 안 그러면 늦어. 그러니 지금 옷 입고 준비하자."

"○○가 스스로 준비해주면 엄마가 너무 편하고 좋을 것 같아."

그렇게 몇 번 더 얘기했는데도 아이가 계속 말을 안 듣고 맘대로 행동하면 제 목소리가 점점 커지고, 어떨 때는 걷잡을 수 없이 화를 내기도 합니다. 화를 내는 순간에도 '이러면 안 되는데, 그만해야 하는데' 생각이 머릿속에 가득한데도 멈출 수가 없어요.

어렸을 때 부모님의 훈육(본인의 감정까지 더해 화를 내거나 체벌함)에 대해 좋지 않은 기억이 많거든요. 그래서 제 아이는 더 잘 키우고 싶어서 노력을 한다고 하는데도, 참 어렵네요.

대여섯 번까지는 '아이니까 그럴 수 있다. 당연하다' 하며 좋게 이야기해줄 수 있는데 어느 시점만 넘어가면 화를 참을 수가 없어요. 이런 저를 어떻게 해야 하나요? 도와주세요. 오늘도 화를 내니 아이가 "엄마, 화내지 말고 예쁜 목소리로 말해줬음 좋겠어"라고 하네요. 저는 "예쁜 목소리로 여러 번 이야기했는데 ○○가 말을 안 들으니 엄마가 화를 낸 거잖아"라고 했어요. – J

많은 엄마가 자신의 부모님과 달리 따뜻한 엄마가 되어서, 아이가 상처도 없고 자존감 높은 사람으로 자라나기를 바랍니다. 그 이유는 부모로부터 받은 상처가 아프다는 것을 알기 때문이고, 또 자존감이 삶과 관계에서 중요한 요소임을 누구보다 잘 알기 때문이겠지요.

보내주신 글을 읽으며 가장 먼저 떠올린 건 J님이 그간 얼마나 많은 노력을 해오셨을까 하는 것이었습니다. 저의 화코칭 글뿐 아니라 육아서도 많이 읽으셨을 테고, 배운 것을 실천으로 옮기려고 애쓰셨을 테고, 화 안 내기 위한 노력뿐 아니라 아이의 신체와 정서의 올바른 성장을 위해 고군분투해오셨겠지요. 그랬기에 감정 섞인 체벌을 받으며 크신 J님께서 하나도 아닌 두 아이를 키우며 지난 6년간 아이들에게 손 한번 대지 않으셨고, 아이가 말을 듣지 않는 순간에도 다섯 또는 여섯 번까지는 '예쁘게 말할 수 있는 능력'을 갖게 되셨지요.

저는 J님이 부모님으로부터 그런 '예쁜 말'을 얼마나 많이 들으며 자라셨을지 궁금해요. 분명한 것은 J님은 부모님보다 훨씬 더 다정하고 부드러운 엄마라는 거예요. 보고 배운 것이 아닌 것을 해낸다는 게 얼마나 대단한 일인가요? 주변에 역할 모델도 별로 없고 고작해야 책이나 강의에서 간접적으로 들은 게 다일 텐데, 겪어보지 않은 걸 배워서 말투를 바꾸고 감정 조절 능력을 키운다는 게 얼마나 큰 변화인가요? 이걸 J님은 해내셨습니다. 저는 이 큰 변화를 만들어내신 J님께 가장 먼저 "수고하셨습니다"라고 말씀드리고 싶습니다.

짐작하건대 J님은 아이들을 지극히 사랑하는 분일 것입니다. 아이들이 어린 시절 행복한 추억을 많이 갖기를 바라고, 아이들의 행복한 삶을 위해서라면 어떤 노력이든 할 분이라고 생각됩니다. 그 마음 참 아름답습니다. 그 마음이 지금까지의 노력을 가능하게 했고, 다섯 번 정도는 예쁘게 말하는 능력을 갖추게 해주었습니다. 주변을 둘러보면 두세 번까지 좋게 말하다 화내는 분도 있고, 처음부터 아이한테 화내는 분들도 있습니다. J님은 평균 다섯 번까지는 이성적으로 말할 수 있는 수준입니다. 지금보다 더 발전하고 싶다는 바람 때문에, 지금까지의 수고와 성과를 가벼이 여겨서는 안 됩니다.

이미 많은 성장을 하셨음에도 더 성장하고 싶어 하시기에 몇 가지 조언을 드리겠습니다.

의지력은 한정된 자원입니다. 발휘할 수 있는 의지력의 크기는 사람마다 다르지만, 누구든 계속 쓰면 고갈되기 마련입니다. J님이 가진 의지력의 그릇은 현재 다섯 번 기다리는 동안 동이 납니다. J님이 아니라도 대여섯 번 같은 말을 화 안 내고 해줄 부모가 얼마나 될까요? 그러니 다섯 번 넘게 기다리지 않도록, 그 안에 아이의 행동을 이끌 수 있도록 '화법'을 바꿔야 합니다. 지금부터 '아이의 즉각적인 행동 변화를 끌어내는 화법'을 소개해드릴게요.

아이가 늑장 부릴 때를 예로 들어주셨는데요. '늑장 부리고 있다'라는 판단이 들었다면 이미 '거슬리는 느낌'이 작동 중인 겁니다. 폭발하는 화도, 발단은 이런 사소한 감정이죠. 이때 즉각적인 행동을 끌어내지 못하면 화는 예약된 것과 같습니다. 예시로 보내주신 말씀을 즉각적인 행동을 끌어내는 말들로 바꾸어보았습니다.

① "엄마가 옷 꺼내놨으니 입자."

- '언제'가 빠져 있습니다. 언제까지 시간이 있는지, 언제 해야 하는지를 제시해주어야 아이가 상황의 급박함을 이해할 수 있습니다.

- 좋은 예: "우리 10분 안에 나갈 거야. 그러려면 지금 바로 옷 입어야 해."

② "시곗바늘이 6에 가면 우리 나가야 해. 안 그러면 늦어. 그러니 지금 옷 입고 준비하자."

- 시간을 아이의 눈높이에 맞춰 말씀해주신 것 참 잘하셨습니다. '지금'을 말씀하신 것도 좋습니다. 다만 아이가 하던 일을 멈추고 시선을 들어 시계를 보지 않거나, 남아 있는 시간을 아이 스스로 체감하지 못하면 소용이 없습니다. 여섯 살 아이는 아직 10분과 60분의 길이에 대한 감이 없으니까요. 아이에게 시계를 보도록 요청해야 하고, 남은 시간을 아이 언어로 설명해줄 필요가 있습니다. 그리고 마무리를 질문으로 하면 더욱 효과적입니다. 질문을 받으면 대답을 하게 되어 있고, 대답을 한다는 것은 자신의 문제로

받아들여 '생각'을 한다는 뜻이니까요. 생각해서 한 대답에는 '책임감'을 갖
게 되어 있습니다.

- 좋은 예: "○○야, 시계 봐봐. 시곗바늘이 6에 가면 우리 나갈 거야. 우리에
  겐 10분의 시간이 있어. 10분은 ○○가 〈타요〉 한 개 보는 정도의 시간이
  야. 10분 안에 옷 입어야 하는데 할 수 있겠어?"

③ "○○가 스스로 준비해주면 엄마가 너무 편하고 좋을 것 같아."

- 아이의 준비성과 주도성을 키워주는 것은 중요합니다. 그러나 스스로 준
  비하는 습관이 형성되는 데는 오랜 시간이 걸리는 법이고, 반복적이고 일
  관된 지도가 필요합니다. 부모가 감정적으로 안정되지 않은 상태에서는
  참을성 있게 지도하기 어렵습니다. 이런 지도는 아이도 부모도 편안하고
  여유 있을 때 가능합니다. 외출 준비로 급박한 상태에서 제시하기에는 너
  무 큰 목표입니다. 아이 스스로 선택하고 책임지게 하는 접근법이 아무리
  좋다고 하더라도, '지시와 명령'의 리더십이 필요한 순간도 있습니다. 외출
  을 앞두고 있는 조급한 상황에서 엄마가 아이에게 제시할 행동은 명료하
  고 단순해야 합니다. 예를 들어 "셋 셀 때까지 바지 입자" 또는 "5분 안에
  옷 입고 신발 신자"와 같이 말이지요.

- 만약 급박한 상황에서도 스스로 자기 할 일을 하는 것이 J님에게 중요한
  가치라면, 두 가지 정도의 선택권을 주는 것도 좋은 방법입니다. "바지 먼
  저 입을래, 윗도리 먼저 입을래?" 정도면 아이는 대개 두 가지 중 하나를

선택하게 되어 있습니다. 외출 시간이 임박했다면 "스스로 입을래, 엄마가 입혀줄까?"도 좋습니다. 보통 스스로 입겠다고 하지만, 후자를 고르더라도 스스로 한 선택이니 아이의 자기결정권은 보호받은 것이지요.

다음과 같은 시나리오라면 강압적이지 않으면서 빠르게 행동 변화를 끌어낼 수 있습니다.

- ○○야. 시계 봐봐. 우리는 작은 바늘이 5에 가면 나갈 거야. 이제 20분 남았어. 20분은 〈타요〉 두 개 보는 시간이야. 20분 안에 옷 입을 수 있겠어?
- 이제 10분 남았는데 아직도 옷 안 입었네. 지금 장난감 내려놓고 옷 입자.
- 엄마가 두 번 말했는데 아직 놀고 있네. 엄마 마음이 급해지고 있어. 셋 셀 동안 옷 입으러 가자. 하나, 둘, 셋.
- 이제 진짜 시간 없어. 스스로 입을래, 엄마가 입혀줄까?

아이에게 이 말이 너무 길게 느껴질 것 같다면 더 짧게 줄여주세요.

- ○○야. 우리 20분 뒤에 나갈 거야. 옷 입자.
- 이제 10분 남았어. 장난감 내려놓으세요.
- 아직 안 입었네. 셋 세줄게. 하나, 둘, 셋!

- 마지막이야. 지금 안 입으면 엄마가 입혀줄게.

이 중 새롭게 와닿는 부분이 있나요? 적용해볼 거리를 찾아보고 실천해보시면 좋겠습니다. 지금까지 이룬 변화를 고려하면 J님은 자녀들에게 적합한 방식을 분명히 찾아내실 수 있을 것입니다. 앞으로 아이의 행동 변화를 촉진하는 영향력 있는 부모로 거듭나시기를 응원합니다.

뭐든 엄마 탓을 하는 아이한테 화가 나요

➡ 현실적 한계를 알려주세요

작년까지 워킹맘이었어요. 첫째 아이가 예민하고 짜증이 많은 편인데, 일하느라 같이 못 있어 준다는 미안함에 모든 걸 다 받아주고 원하는 걸 다 해줬어요. 그때는 그게 애착육아이자 사랑이라고 생각했는데, 부작용 인지 아이가 저에게 모든 화를 풀어요. 제가 어떻게 해줄 수 없는 부분까 지 다 제 탓으로 돌리고 화를 내요. 예를 들어 오늘은 주사위가 계속 6이 나왔으면 좋겠는데 안 나온다면서 저한테 화를 냈어요.

둘째 낳고 전업맘이 되고 나서 같이 있는 시간이 길어졌거든요. 그런데 이런 사소한 것들을 다 저한테 푸니까 저도 너무 화나고, 이제는 아이가 저 한테 조금만 짜증 내고 화내도 저는 더 크게 화내요. 엄마는 네가 짜증 푸 는 대상이 아니라면서요. 그러고 후회하죠.

이렇게 엄마가 해줄 수 없는 부분까지 엄마 탓을 하며 화낼 때는 어떻게 훈육해야 하는지 궁금해요. - K

안녕하세요, K님.

보내주신 고민 잘 보았습니다. 워킹맘 시절 모든 걸 받아주었고, 전업맘 되고선 아이와 더 많은 시간을 보내는데도 아이의 예민함과 짜증이 갈수록 늘어나니 얼마나 답답하고 화가 나셨을까요. 그 심정이 충분히 이해됩니다.

글을 수십 차례 읽고 행간을 짐작해보니 이런 그림이 그려집니다. 엄마 없이 하루를 보낼 아이에 대한 미안함으로 출근하면서 가슴 적시고, 아이 잘 있나 종일 마음 쓰면서 제시간에 퇴근하려고 기를 써서 일을 마치고, 엄마가 그리웠을 아이의 비위를 맞춰주려고 퇴근 후 피곤한 몸으로도 최선을 다하는 K님의 모습. 둘째가 생기고 나서는 동생에 대한 질투로 아이가 힘들까 봐 사랑을 더 주려고 노력하고, 두 아이 육아로 몸과 마음이 지쳐 나가떨어질 지경이지만 그럼에도 예민한 첫째를 받아주려고 노력하는데 그 끝이 보이질 않으니 절망스러우신 K님.

어떠셨나요? 고민하고 또 고민하셨나요? 노력하고 또 노력하셨나요? 그러다 보니 지치고 또 지치지 않으셨나요?

한편 첫째는 이러지 않았을까 싶습니다. 따뜻한 엄마 품이 좋고 엄마랑 있으면 몸도 마음도 편안해집니다. 자신의 높은 기준에 안 맞는 게 많은데, 엄마와 함께라면 문제없습니다. 다 채워지니까요. 그런데 이상하게도 눈 뜨면 엄마가 없고 한참을, 아주 한참을 기다려야 나타납니다. 엄마와 함께 있는 시간이 너무 좋은데 너무 짧습니다.

그런데 그토록 애타게 사랑하고 기다리던 엄마가 이젠 사라지지 않습니다. 대신 어디선가 갑자기 나타난 쪼끄만 아이를 종일 품에 안고 있습니다. 이해가 안 갑니다. 엄마를 독차지한 저 아이가 밉습니다. 그래서 그 아이를 밀치기라도 하면, 엄마한테 된통 혼이 납니다. 어쩌면 짧더라도 엄마를 독차지할 수 있었던 그때가 좋았을지도 모릅니다.

어떤가요? 첫째의 마음이랑 비슷할까요? K님께서 한번 답해보세요. 첫째의 마음속에서 요즘 어떤 일이 일어나고 있을지를요.

사랑으로 애착육아를 해온 K님이 아이를 공감하기보다 짜증을 내는 것이 이해가 됩니다. 왜냐하면 K님도 화가 났거든요. 주사위 상황을 예로 들어보죠. 아이가 '숫자 6'을 고집할 때 K님은 무력감(내가 해줄 수 없는 건데)과 지겨움(또 짜증 내네)을 느끼셨을 거예요.

이런 감정들이 화로 발전하지요. '얘는 왜 허구한 날 짜증 내?', '내가 다 받아주니까 만만한가?'라는 생각도 들지 않던가요? 이 생각들은 사실이 아닌데도, 우리가 이 생각들을 사실로 믿어버리면 상대에게 말이 곱게 나갈 수가 없습니다.

K님이 느낀 화라는 감정도 기대와 욕구에서 오지요. K님에게도 원하는 것이 있었을 거예요. 아이가 저렇게 말하거나 행동하지 않고 대신 어떻게 하길 바라셨나요? 그렇게 되면 K님은 무엇이 좋을까요?

주사위 6의 경우, 첫째가 징징거리지 않고 "엄마, 이거 잘 안 돼요"라고 예쁘게 말하길 바라셨나요? 그렇다면 아이와 '소통'을 잘하고, '존중'받고 싶으셨을 거라고 짐작이 됩니다. 또는 첫째가 엄마에게 매달리지 않고 혼자 놀기를 바라셨나요? 그렇다면 K님은 '자기만의 시간', '휴식' 등을 원하셨을 겁니다. 엄마도 사람인지라 매 순간 원하는 게 있습니다. 그것이 채워지지 않을 때 화와 짜증이 납니다. 그러므로 우리는 시시각각 우리 안의 욕구를 살펴야 합니다. 자신의 욕구와 '연결'될 때 그것을 표현하고 충족시킬 수 있습니다.

공감이 아무리 좋다고 해도 무한정 해줄 순 없습니다. 의지와 에너지가 된다면 아이가 진정될 때까지 해주면 좋겠지만, 에너지가 바닥인데 어떻게 계속 공감할 수 있겠어요. 그러니 공감은 엄마가 할 수 있는 만큼만 하는 것입니다.

재미있는 것은 화가 난다고 해서 다 화를 내는 건 아니라는 거예요. K님도 그러실 거예요. 아무리 화가 나도 부장님께 화를 내진 못하죠. 속이 부글부글 끓어도 시어머니에게 '화 폭발'은 안 합니다. 우리는 상대를 봐가면서 화를 냅니다.

그렇다면 우리는 누구한테 화를 내는 것일까요? 바로 편안한 사람입니다. 그리고 애정이 있는 사람입니다. 애정과 관심을 가지고 있고, 내가 화를 내도 그 사람이 나를 내치지 않을 거라는 믿음이 있는 사람에게 우리는 화를 적극적으로 표현합니다. 다른 데서 받은 화를 그 사람에게 풀기도 합니다. 지금 K님과 첫째는 서로에게 그런 대상입니다. 편안하고 애정이 있는 대상.

한번 생각해보시겠어요? 첫째에게 K님은 가장 신뢰하는 상대입니다. 우선 엄마니까요. 열 달을 한 몸에 같이 있었고, 세상에 나와서는 엄마가 먹여주고 재워주었죠. '엄마'라는 존재는 아이에게 생명의 끈을 넘어 '나와 같은 사람'입니다. 몸집도 크고 아는 것도 많고 무거운 것도 잘 들고 필요한 것도 챙겨주는 엄마는 아이에게 '무한 능력자'입니다. 게다가 K님은 더 마음을 써서 아이를 받아주셨죠. 아이의 까다로운 기준을 다 받아주고, 아이의 세세한 욕구를 다 채워준 분이잖아요.

아이에게 K님은 '나를 가장 잘 알고, 나를 가장 편안하게 해주는 사람'이었을 거예요. 아이에게 K님은 주사위 숫자 6도 계속 나오게 할 수 있는 사람으로 보였을지 몰라요. 이 부분을 생각해보면 첫째가 '사소한 것들'을 엄마에게 다 푸는 이유를 알 수 있습니다. 엄마는 늘 해결해줬으니까요. 엄마라면 해결해줄 것 같으니까요.

그러나 마냥 받아줄 수는 없습니다. 왜냐면 첫째도 감정 조절 능력을 키울 필요가 있고, K님의 에너지도 한계선에 도달했으니까요. K님께선 이제 아이의 행동에 한계선을 그어주는 연습을 하셔야 합니다. K님은 무한 에너지의 소유자가 아니잖아요.

화나는 이유를 간단히 정리하면 '욕구의 좌절'입니다. 주사위 사례에서 첫째가 화난 이유를 살펴볼까요? 아이는 자신의 기대 (숫자 6이 계속 나오기)대로 흘러가지 않아서 화가 났을 거예요. 어른들은 그것이 불가능하다는 것을 뻔히 알지만, 아이에겐 그런 지식이 없습니다. 모르니 기대는 계속되고, 기대는 번번이 좌절되고, 화와 짜증은 솟구칩니다. 이때 아이에게 필요한 것은 '현실 인식'과 '또 다른 대안'입니다.

아이가 돌이 됐을 때부터 감정을 조절하는 법을 조금씩 키워줄 필요가 있습니다. 돌이면 걷기 시작하고 자유의지대로 할 수 있는 것들이 늘어나는 시기죠. 아무리 신나도 찻길에 뛰어들어서는 안 된다는 것, 장난감 뺏긴 게 속상해도 친구를 때려서는 안 된다는 것, 아무리 놀고 싶어도 너무 늦기 전에 자야 한다는 것, 밥 먹는 것보다 노는 게 좋아도 식사를 마칠 때까지는 한자리에 앉아 있어야 한다는 것, 아무리 화가 나도 소리 지르거나 물건을 던지는 것처럼 난폭하게 표현해서는 안 된다는 것들을 아이가 배우도록 도와주어야 해요.

첫째의 감정 조절 능력을 키워주기 위해 다음 두 가지에 중점을 두시길 권합니다.

1. 현실을 인식시키기

아이가 원하는 걸 다 받아줄 수 없고 받아주어서도 안 됩니다. 감정과 욕구는 존중하되, 그걸 다 채워줄 수는 없습니다. 자존감 높은 아이는 원하는 대로 하는 아이가 아니라, 되는 것과 안 되는 것을 아는 아이입니다. 아이가 아무리 짜증을 내도 바꿀 수 없는 것이 있습니다. 그것을 정확히 말로 전해주세요.

- 그건 엄마가 해줄 수 있는 게 아니야.
- 우리 ○○가 **를 원하는구나. 그렇게 되면 정말 좋겠다. 그런데 엄마가 해줄 수 없는 건데 어떡하지?
- 저 장난감 정말 멋지지. 갖고 싶은 마음 알겠어. 그런데 오늘은 사줄 수 없어.
- 엄마는 마법사가 아니야. ○○가 원하는 걸 다 해줄 수는 없어.
- 계속 짜증 내니까 엄마도 기분이 나빠지고 있어.
- 엄마랑 집에 있고 싶지? 그런데 어린이집을 안 가면 엄마가 집안일을 못

해. 또 ○○도 친구들을 만날 수가 없어.

2. 대안 제시

아이가 고집 피우는 것에 대한 대안을 알려주세요. 계속 고집을
피우면 어떻게 할지도 알려주세요.

- 주사위 놀이가 재미없으면 다른 놀이 하자. 퍼즐은 어때?
- 오늘은 어린이집 가야 해. 대신 이번 주 금요일엔 일찍 집에 올 수 있어.
  엄마가 점심 먹고 데리러 갈게.
- 아무리 짜증이 나도 장난감은 던지면 안 돼. 뭐가 속상한지 엄마한테 말
  로 해주는 거야.
- 엄마한테 무례하게 구니까 지금 기분이 많이 나빠졌어. 엄마는 ○○한테
  화내고 싶지 않아. 기분이 풀리면 그때 다시 이야기해줘.

뭐든 처음 가는 길입니다. 그러니 시행착오가 있는 것이 당연합
니다. 아이에게서 잘못한 것만 보지 마시고, 자신이 그동안 기울
인 노력과 수고도 살펴봐 주세요.

그리고 앞으로 달리할 것 한 가지만 정해서 실천해보세요. 작은
행동 변화가 큰 차이를 만들어냅니다. 앞으로도 '더 나은 부모'로
거듭나는 여정을 응원합니다.

유독 둘째에게 화가 나요, 왜 그럴까요?
➡ 너무 같거나 너무 다르기 때문이에요

최근 유독 둘째 아이에게 화를 넘어 분노를 표현하는 저를 발견했어요. 둘째가 예민해서 많이 울고 징징거리기 때문이라고 생각했어요. 그런데 그게 아니라 제가 문제인 것 같아요. 유독 징징거리는 모습, 자기주장을 굽히지 않는 모습에 제가 과민반응을 하는 듯합니다. 저는 아이가 마음대로 조종되길 바라는 걸까요?

이 새벽에도 "엄마가 와서 안아줘!"라고 울며 소리 지르는 아이와 "울음 그치고, 네가 이리 와서 '안아주세요'라고 말하면 안아줄게"라고 으름장 놓는 제가 한바탕했네요. 화내고 혼낸 다음 안아주거나, 제가 냉정하게 뒤돌아 나오면 소리 지르며 달려와서 울며불며 악쓰는데 그럴 때 안아주거나, 정말 가끔은 화를 참고 가서 안아줍니다. 방금 전은 마지막 상황으로 금방 끝이 났지만, 대부분은 '저게 나를 이기려 하는구나' 싶어서 아이를 넉넉하게 품지 못해요. 자꾸만 화가 나서 슬픕니다. – E

안녕하세요, E님. 사연 잘 받았습니다. 보통 둘째는 뭘 해도 이쁘다는 말을 많이 하는데, E님은 오히려 둘째에게 화날 때가 많으시군요. 깨물어서 안 아픈 손가락 없다고들 하지만, 아이를 키워보면 압니다. 더 아픈 손가락, 더 예쁜 손가락이 있다는 걸요. 아이에게만 그런가요? 인간관계가 대부분 그렇습니다. 같은 행동도 A가 할 때는 괜찮은데, B가 할 때는 화날 때도 있지요.

화가 나서 슬프다고 하셨지요? 그 말씀 이면에 이런 마음이 느껴집니다. 자신이 왜 이러는지 이유를 알고 변화하고 싶어 하는 마음, 그래서 첫째든 둘째든 공평하게 사랑하는 엄마가 되고 싶다는 마음. 그 마음에 깊이 공감하며, 글을 풀어가 보겠습니다.

유독 둘째에게 화가 나는 이유는 무엇일까요?

같은 행동을 하는데도 A보다 B에게 더 화가 나는 이유는 보통 두 가지입니다. 첫 번째는 B가 나와 너무 달라서, 두 번째는 B와 내가 너무 같아서입니다. 이게 무슨 얘기인지 궁금하시죠? 바로 다음과 같은 의미랍니다.

1. 나와 너무 달라서 화가 난다

이혼의 첫 번째 사유가 성격 차이라고 하지요? 성격이 다르고 행동 패턴이 다를 때, 우리는 불편해집니다. 청결과 정리정돈을 중시하는 나와 집이 난장판이어도 신경 안 쓰는 너, 갈등이 없다면 이상하지요. 나는 계속 치우고 다니면서 "좀 치워라"라고 잔소리할 테고 너는 "잔소리 좀 그만해라"라고 방어할 테니까요. 작은 것까지 신경 쓰는 나와 크게 크게 생각하는 너, 서로 이해하기 어렵습니다. 속마음 이야기를 꺼리는 나와 마음속 이야기를 다 꺼내놓아야 직성이 풀리는 너, 소통하기 어렵습니다. 주저하는 나를 상대방은 '겉과 속이 다르다'라고 생각할 테고, 생각을 여과 없이 다 말하는 너를 나는 '상처 준다'라고 생각할 테니까요. 다른 사람끼리는 이해도 소통도 훨씬 어렵습니다. 그러니 답답하고 화가 나지요.

부모-자녀 간의 성격 차이 또한 갈등으로 이어질 수 있는데요. 예를 들어 내향적인 엄마에게 외향적인 자녀는 '방방 뜬다', '나댄다', '차분하지 못하다'로 보입니다. 아이는 꼼꼼하고 계획적인데 부모가 앞장서서 추진하는 성격이라면, 아이에 대해 '너무 느리다', '생각이 많다', '실행력이 없다'라는 꼬리표를 붙이겠죠.

E님은 둘째에 대해 이런 묘사를 해주셨어요. '예민하다', '많이 울고 징징거린다', '자기주장이 강하다' 등등. 혹시 E님은 이와 반대이신가요? 쿨하고 둔감하고(좋은 의미로), 감정적이기보단 이성적·논리적이고, 자기주장을 하기보다는 남에게 맞추는 편이신가요? 만약 그렇다면 둘째가 답답하고 힘드실 거예요. '울어봤자 해결이 안 되는데 왜 저렇게 계속 울어', '대충 맞추지 뭘 저렇게 까

탈스러워', '이 정도 받아줬으면 너도 좀 그쳐야지, 언제까지 고집 피울래' 이런 생각들이 계속 드시겠죠.

그러나 성격 차이가 모두 갈등으로 이어지지는 않습니다. 즉 달라도 잘 사는 부부가 있고, 달라도 잘 어울리는 부모-자녀 관계가 있습니다. 갈등은 달라서 생기는 것이 아니라 다름을 받아들이지 못해서 생깁니다. 그렇다면 수용 능력을 키워야겠지요. 자신을 수용해주지 못하는 부모에게 일방적으로 적응하는 건 아이에게 아픈 과제니까요. 다름을 한번 정리해볼까요?

- 나는 둔한데 너는 예민하구나.
- 나는 A가 당연한데 너는 B가 당연하구나.
- 나에겐 이게 쉬운데 너한텐 어렵구나.
- 나는 A가 좋은데 너는 B가 좋구나.
- 나는 이 정도면 울음을 그칠 텐데 너는 더 울어야 속이 풀리는구나.
- 나는 엄마가 화내면 울음을 그쳤는데 너는 내가 화내면 더 우는구나.

아이는 나와 다릅니다. 그냥 다릅니다. 이유가 없습니다. 생김새가 다르듯 아이의 감정도, 욕구도, 반응과 행동도 나와 다릅니다. 몸이 작고 생각이 어리긴 하지만, 아이에게도 자기만의 고유한 생각과 감정과 욕구가 있습니다. 그것을 엄마에게 수용받고자 온 힘을 다해 표현하는 것이지요.

나에겐 불편하고 문제로 느껴질지라도, 그 고유한 특징이 아이의 강점이기도 합니다. 자기주장을 계속한다고 하셨지요? 지금 같은 자기PR 시대에 자기주장을 한다는 건 얼마나 뛰어난 능력인가요? 어디 가서 기죽지 않고 자기를 보호할 줄 알고, 원하는 것을 얻어낼 가능성이 크다는 뜻이니까요. 아이가 예민하다고 하셨지요? 예민함은 다른 말로 하면 섬세한 감성이지요. 오감이 발달해 있고, 지각 능력이 뛰어나다는 뜻입니다. 이런 예민함은 자신의 불편함을 감지하고 표현하는 능력과도 연관되어 있고, 다른 사람의 감정과 필요를 섬세하게 읽어내는 능력과도 관련 있으며, 글쓰기나 미술과 같은 창작 행위에도 꼭 필요한 능력이지요.

2. 나와 너무 같아서 화가 난다

두 번째 경우는 좀 더 복잡한데요. '투사'에 대한 것입니다. 사람은 외부에서 일어나는 일들을 있는 그대로 보기보다 자신의 패러다임으로 재해석해서 보는 경우가 훨씬 많습니다. 그리고 내 안에 있는 것을 다른 사람에게 있는 것으로 보기도 하는데요. 심리학에서는 이것을 '투사'라고 부릅니다.

투사에는 긍정적 투사와 부정적 투사가 있어요. 먼저 긍정적 투사는 누군가를 존경하고 찬양할 때 일어납니다. E님, 혹시 존경해서 닮고 싶은 분이 있나요? 그분의 어떤 특징이 그렇게 대단해 보이던가요? 따뜻함? 성실함? 도전정신? 그것이 무엇이든 간에, E님 안에도 그런 특징이 있습니다. 아직 열매를 맺지 못한 가능성의 단계이긴 하지만요. 내 안에 있는 것과 존경하는 분 안에 있는 것이 '공명'하는 거지요.

반대로, 주는 것 없이 밉고 자꾸 비난과 경멸의 마음이 올라오는 상대가 있나요? 그렇다면 그것은 우리 안의 그림자를 투사하는 것일 가능성이 큽니다. 이를 부정적 투사라고 해요. 내가 싫어하는 나의 특징을 그 사람이 보여줘서 싫은 것이지요. 생각해보세요. 나의 우유부단함이 싫어 죽겠는데, 상대방이 자꾸 우유부단한 모습을 보인다면 좋을 리가 있겠어요? 싫고 짜증 나겠지요. 더욱이 내가 사랑하는 아이가 그렇다면요. 아이가 (내가 그랬던 것처럼) 우유부단함 때문에 힘들까 봐 걱정도 되고, 저걸 빨리 고쳐줘야겠다는 책임감도 들겠지요.

둘째에 대해 묘사해주신 '예민하다', '많이 울고 징징거린다', '자기주장이 강하다'와 같은 특성이 혹시 E님에게도 있나요? 그것에 대해서 문제라고 여기고 바꾸고 싶어 많은 노력을 해오셨나요? 혹시 어렸을 때 그런 성향 탓에 주변에서 혼난 경험이 많으신가요? 그렇다면 E님의 과민반응은 둘째에 대한 것이 아니라 E님 자신에 대해서일 거예요.

아파트에서 자주 만나던 한 엄마는 아이가 소심하다고 걱정이 태산이었습니다. 네 살 아이가 얼마나 적극적일 수 있겠습니까만, 그 엄마의 눈에는 친구에게 "장난감 돌려줘"라고 말 못 하고 우물쭈물하는 딸아이가 답답하고 걱정되는 것이지요. 그렇다면 그 엄마는 그런 요구를 잘하는 걸까요? 아니요. 그 엄마 역시 내향적인 자신의 성격 때문에 많이 고민했고, 바꿔보려고 무던히도 애를 썼지요. 자기가 힘들었던 만큼 딸도 힘들까 봐 안절부절못하는 겁니다.

엄마들은 아이의 내향성에 집착하여 바꾸려고 애씁니다. 하지만 그것은 아이의 문제가 아닙니다. 아이의 성격은 아직 고정되어 있지 않습니다. 그것이 문제가 되는 이유는 엄마가 그것을 문제로 보기 때문입니다.

분석심리학자이자 서울대 의학박사인 이부영 교수는 《분석심리학 이야기》에서 이렇게 말합니다.

"빛이 있으니 그림자가 있다. 누구나 그림자를 가지고 있다. 문제는 자기가 어떤 그림자를 가지고 있는지를 모르는 데 있다."

E님이 둘째에 대해 유난히 싫은 점이 있다면, 그것은 E님 스스로 억눌러온 자신의 모습일 수 있습니다. 둘째가 E님의 그림자를 보여주는 것이지요. 즉 E님은 둘째와 싸우는 것이 아니라 E님의 그림자와 싸우고 있는 것일지도 모릅니다. 그림자는 벗어날 수 없습니다. 우리의 일부이기 때문입니다. 그러니 그림자와 싸우기를

그만두시고, 두 눈 크게 뜨고 들여다보세요. 호기심의 시선으로, 애정 어린 시선으로.

　도움이 될까 싶어서 제 개인의 이야기를 좀 나누고 싶은데요. 저는 어릴 적부터 '실수하면 안 된다'라는 강박이 있었어요. 어설픈 게 너무 싫고, 나 자신에게든 다른 사람에게든 '완벽해야지'라는 생각을 많이 했어요. 어리숙한 모습을 보이기 싫어서 말 한마디 할 때도 속으로 수십 번 연습한 다음에 하곤 했지요. 예측하지 못한 상황이 발생할까 봐 두려워서 뭐든 사전에 철저히 준비하려고 애썼고, 그러다 보니 과감한 도전은 거의 없었지요. 그렇게 준비했음에도 뜻하지 않은 상황은 종종 발생했고, 그럴 때는 당황해서 실수를 했고 실수한 게 너무 수치스러워서 더욱 움츠러들었어요.
　그러다가 코칭에 발을 들이고, 저 자신의 그림자(어리숙함)를 조금씩 받아들이게 됐어요. 이제 저는 "좀 실수하면 어때"라고 자신에게 말해줍니다. 때론 실수할 걸 뻔히 알면서도 그냥 해보기도 합니다. 실수 안 하려고 애쓰느라 아예 도전하지 않는 것보다 실수 좀 하더라도 해보면서 배우고 성장하는 게 크다는 걸 이제는 알아요. 여전히 실수가 두렵긴 하지만, 그래도 저 자신의 어리숙함에 점점 더 관대해지고 있지요. 만약 그러지 않았다면 전 아이의 실수를 못 견디는 엄마가 됐을 거예요. 검댕 묻은 얼굴을 거울에 비추며, 얼굴이 아니라 거울을 닦고 있는 형국이랄까요?

어쩌면 E님이 넉넉하게 품지 못하는 건 아이가 아니라 E님 자신 아닐까요? 둘째가 나를 이기려 하는 게 싫은 게 아니라, E님의 그림자가 튀어나올까 봐 두려운 게 아닐까요?

둘째가 E님과 달라서 화가 나든 같아서 화가 나든, 결국은 '수용'의 문제입니다. 둘째의 특징을 수용하는 것, E님 자신의 그림자를 수용하는 것이지요. 수용은 체념이 아닙니다. 현실을 그대로 직시하는 거예요. 바꿀 수 없는 것을 그대로 두는 것입니다. 자신과 둘째에게 이렇게 소리 내어 말해주세요. "그럴 수도 있다." 눈앞에서 벌어지고 있는 마음에 안 드는 현상을 빠르게 수용할 수 있게 해주는 마법의 주문입니다.

제가 너무 많이 간 건 아닌지 모르겠습니다. E님의 글을 읽으면 읽을수록, 이건 단순히 대화의 기술에 대한 것이 아니라 내면 깊은 곳에서 나오는 고민이라는 느낌이 들어서 이렇게 길게 적고 말았네요. 어쩌면, 지금 이 고민은 단순히 둘째가 태어나고 나서 물리적 시간 부족과 체력 고갈로 인한 번 아웃일지도 모릅니다. 그렇다면 해결책은 어떻게든 집안일을 좀 줄이고 휴식 시간을 마련하는 것이겠지요. 그러고 나면 이 모든 고민이 어느새 잠잠해질 수도 있습니다.

화 많고 공격적인 아들 때문에 화가 나요
➡ 행동의 문제이지 존재의 문제가 아니에요

아홉 살 아들과 여섯 살 딸을 둔 주부입니다. 첫아이가 화를 조절하기 힘들어하여 정말정말 고민입니다. 워낙 기질이 예민하고 까다로워 자기 계획이나 기대했던 것과 조금만 다르면 엄청나게 화내고 좌절감에 시무룩해지곤 합니다. 화가 나면 손에 잡히는 것을 닥치는 대로 던져요. 사람에게 화가 났을 때는 때리거나 물기도 했습니다. 네 살 때부터 그랬던 것 같은데, 저도 감정이 앞서서 야단을 많이 쳤고 통제가 잘 안 되자 매질도 했습니다. 그러나 매질은 오히려 독이 되어 돌아왔어요. 아이는 마음에 더 분노가 쌓여 일곱 살 때는 틱 현상까지 왔습니다. 저는 자신을 많이 반성하고 아이를 있는 그대로 수용하고 따뜻하게 안아주는 엄마가 되겠다고 결심했습니다.

지금은 아이 얘기를 많이 들어주고 감정 표현도 많이 하게끔 도와주고 있습니다. 화가 나서 양 주먹에 힘이 잔뜩 들어가 씩씩거릴 땐 "○○가 화가 많이 났구나!" 이렇게 대화를 시작해 화가 나는 게 당연하다고 말해줍니다. 그러면서 풍선이나 숫자로 얼마만큼 화가 났는지 표현해주고 했더니 스스로 감정 조절을 하려고 노력하는 것 같아요.

이렇게 사연을 보내는 건 두 가지 걱정 때문입니다.

하나는 아이가 화를 내는 정도나 시간이 많이 줄어들어 다행이고 좋긴 한데, 별일 아닌 일에도 화를 낸다는 것입니다. 너무나 자주 사소한 일에서까지 화를 냅니다. 언제까지 이런 모습을 지켜봐야 하는지 모르겠어요.

또 하나는 새로운 환경이나 예상치 못한 일이 닥치면 여지없이 화를 내거나 짜증을 부린다는 것입니다. 이제 좀 있으면 개학이라 2학년으로 올라가 새로운 친구들과 관계를 쌓아가야 하는데 아이가 새 환경에서 감정 조절을 잘할 수 있을지 정말 고민입니다.

좋아지는가 싶으면 어느새 제자리이고, 괜찮다 싶다가도 불같이 화를 내고…. 이런 과정이 되풀이되니 아이도 저도 지칩니다. 선생님의 도움이 절실합니다. - H

안녕하세요, H님.

사연을 읽으면서 그간 H님이 마음고생을 얼마나 하셨을지 짐작이 되어 먹먹해졌습니다.

예민한 아이를 키우며, 어떻게든지 잘 키워보려고 그간 들이신 노력과 수고, 그리고 시행착오를 겪으며 흘렸을 눈물이 글 곳곳에서 보였습니다. 네 살 때부터니 5년간을 고생해오셨네요. 그 고생 끝에 아드님의 감정 조절 능력이 많이 좋아졌으니, 이 얼마나 축하할 일인가요. 이미 경험적으로 알고 계시지요? 매질, 야단치기, 걱정하고 초조해하기 등이 효과가 별로 없다는 것을요. 아이를 있는 그대로 수용하고 따뜻하게 안아주기, 감정코칭, 가족 간의 시간 보내기 등의 방법을 스스로 찾아내셨네요. 아이와 지신을 더욱 행복하게 해줄 방법을 찾아가는 것은 부모로서 평생 하게 될 중요한 작업입니다. 지난 5년간 치열하게 해오셨으니, 훈련이 많이 되셨을 것입니다.

이렇게 축하를 먼저 드리는 이유는, 지금 H님이 하고 계신 고민을 해결할 능력이 H님 자신에게 있음을 알리고 싶어서입니다. 그간 머리 싸매고 궁리하고, 눈물을 흘리며 가슴 아파하면서 아드님에게 맞는 방법들을 찾아오셨지요. 앞으로도 분명 그럴 것입니다. H님은 사랑하는 아들의 행복을 도울 수만 가지 방법을 찾아내실 것입니다. 그 과정을 조금이라도 줄이는 데 이 글이 도움이 되길 바랍니다. 아드님의 분노 조절 능력 때문에 고민이라고 하셨는데요. 고민이 크신 만큼 저도 많이 고민하면서 글을 써보았습니다.

인간의 자기조절력을 관장하는 뇌 부위는 'OFC'라고 하는 곳인데요. 놀랍게도 OFC는 생후 3년 이내에 발달이 완성되는 것으로 알려져 있습니다. OFC의 발달에 필요한 조건은 두 가지입니다. 첫 번째가 '주 양육자와의 애착과 신뢰감 형성', 그리고 두 번째가 '적절한 제한과 통제'입니다.

세 살까지는 무조건 사랑으로 품어야지 혼내면 안 된다고 알고 있는 분들도 계신데요. 아이가 걷기 시작하는 12개월 즈음부터는 '훈육'도 시작해야 자기조절력이 잘 자리 잡을 수 있습니다. 즉 태어나서 걸을 때까지는 무조건적인 사랑과 보살핌을 통해 신뢰감과 공감 능력을 키워주고, 걷기 시작한 후부터는 '안 돼', '위험해' 등과 같이 적절한 지도와 통제를 병행함으로써 자기 감정과 행동 조절 능력이 발달하도록 돕는 것입니다.

만 세 살까지 자기조절의 하드웨어가 잘 자리 잡고 나면 사회적 규칙과 규범, 상황 파악 능력, 문제 해결 능력, 올바른 생활습관, 친사회성 기술, 좌절 인내력, 유혹 저항 능력, 작업기억력 등의 소프트웨어 발달이 여섯 살 때까지 진행됩니다.

그렇다면 이미 그 시기를 벗어난 아이의 경우에는 어떻게 해야 할까요? 이미 결정적 시기를 놓쳤으니 실패한 것일까요? 아니, 그렇지 않습니다. 인간의 심리적 장애와 병리에 집중한 기존 심리학과 달리 인간의 행복과 강점을 과학적으로 연구하는 '긍정심리학'에서는, 인간은 평생 성장하고 발전한다는 사실을 밝혀냈습니다.

뇌의 발달이 평생 계속된다는 것인데요. 그런 면에서 H님도, 아드님도 앞으로 얼마든지 변화하고 성장할 수 있습니다. 이미 형성된 행동 패턴을 없애고 새 행동 패턴을 정착시키느라 시간이 좀 걸릴 뿐, 분명히 가능합니다.

자녀에게 올바른 행동을 가르치기 전에 항상 먼저 살필 것은 '아이가 나에 대해 가진 감정이 좋은 상태인가?'입니다. 내가 싫어하는 사람이 하는 말은 아무리 옳은 말이라도 듣기 싫은 법입니다. 이럴 때는 가르치려고 하면 할수록 아이는 배우기를 거부하지요. 친밀한 관계를 쌓는 것이 먼저입니다. 반대로 정서적인 연결이 튼튼한 관계라면 따끔하게 혼내도 부작용이 없습니다.

그러니 다음 두 가지를 항상 살펴보세요.

- 아이는 나를 좋아하는가?
- 아이가 내 말에 귀 기울일 준비가 되어 있는가?

이 질문에 'Yes'가 아니라면 H님의 걱정 어린 가르침도 아이에게는 잔소리가 되고 말 것입니다. 그럴 때는 따뜻한 대화의 비중을 늘리세요. 따뜻한 대화의 예를 제시해보겠습니다.

- **관심**: 요즘 제일 맛있는 반찬이 뭐야? / 이번 주엔 뭐가 제일 재미있었어?

- **공감**: 부딪혀서 아프고 짜증 나는구나. / 학교 가는 거 좀 스트레스지.

- **경청**: 아빠가 게임 못 하게 하니까 짜증 난다는 말이지? / 친구가 먼저 시비를 걸어서 때렸다는 말이지?

- **인정**: 지난번보다 더 화를 잘 참았네, 잘했어. / 책가방 스스로 챙기다니 책임감 있는 모습 좋아. / 엄마는 네가 자랑스러워.

- **수용**: 그랬구나. 그럴 수도 있겠다.

- **격려**: 앞으론 더 나아질 거야. 네가 열심히 하고 있잖니.

- **감사**: 아까 엄마한테 괜찮냐고 물어봐 줘서 고마워. / 식사 준비할 때 반찬 나르는 거 도와줘서 고마워.

- **축하**: 이번에 성적이 좀 올랐네. 노력하더니 잘됐다. 축하해.

- **사랑**: 엄마랑 아빠는 널 사랑해. / 엄마는 네가 태어났을 때 정말 기뻤어. / 우리한테 와줘서 고마워.

반대로 조언, 충고, 불평, 가르치기, 훈계와 잔소리, 협박과 회유는 관계를 멀어지게 합니다. 감정코칭으로 유명한 존 가트맨John Gottman 박사에 따르면 '따뜻한 대화'와 '멀어지는 대화'의 이상적인 비율은 5:1이라고 합니다. 즉 한 번 혼내려면 다섯 번은 따뜻하게 품어줘야 아이의 정서가 안정되고 자존감이 높아진다는 뜻이지요.

아이가 가진 문제가 아무리 크더라도, 아이의 모든 것이 문제인 것은 아닙니다. 아이에게도 자기만의 즐거움과 행복이 있습니다. 아이에겐 이 문제를 해결할 충분한 힘이 이미 있습니다. 아토피 있는 아이를 키우는 부모가 아이 아토피 해결에만 급급해서는 아이라는 존재 전체, 아이가 느끼는 다양한 감정과 욕구를 놓치기 쉽습니다. 아토피가 있어도 아이는 행복할 때가 있고 잘하는 것이 있습니다. 마찬가지로 아드님의 감정 조절이라는 문제를 해결하는 것이 과제이긴 하지만 그럼에도 아드님이 최선을 다해 노력하고 있다는 것, 아이도 자기 나름의 고충이 있다는 것, 아이에겐 무한한 가능성과 힘이 있다는 것을 놓쳐서는 안 됩니다.

아이를 더욱더 인정하고 칭찬해주세요. 잘했을 때만 하는 조건부 칭찬 말고, 원하는 행동을 끌어내기 위한 꼼수 칭찬 말고, 아이가 가진 모든 좋은 면을 칭찬으로 거울처럼 비춰주세요. 결과가 좋지 않더라도, 아직 목표치에 도달하지 못했더라도, 다른 아이들보다 뛰어나지 못하더라도, 부모의 기대에 미치지 못하더라도, 그럼에도 인정해주세요. 아이가 한 노력, 아이가 내는 아이디어, 아이가 어제보다 조금 더 나아진 부분을 말로 들려주세요. 아이는 부모가 인정하는 만큼 자기를 인정합니다.

아이가 행복해하는 순간을 늘려주세요. 이완되고, 몰입하고, 행복한 경험들을 더 많이 하게 해주세요. 가족과의 시간을 좋아한다면 더 많은 시간을 가족이 함께 노닥거리고, 놀이터에서 뛰어놀기를 좋아한다면 더 자주 놀이터에 가세요. 지금 문제를 가지고 있을지라도 아이에겐 행복할 권리, 지금 이 순간을 즐길 권리, 기쁨과 슬픔을 표현할 권리, 싫은 것을 싫다고 말할 권리가 있습니다. 감정 조절에 좋은 방법이라고 하더라도 아이가 괴로워한다면 하지 마세요. 전문가가 조언해준 방법이면 뭐하나요, 내 아이에게 안 통하면 안 좋은 방법이지요. 애쓰면 뭐하나요, 강요하면 부작용이 생기지요.

사랑을 많이 표현해주세요. 가족치료사 버지니아 사티어는 하루에 몇 번이고 아이를 안아주라고 했어요. 사람은 누구나 하루에 네 번은 안아줘야 생존할 수 있고, 최소한 여덟 번은 안아줘야 기분이 좋아진다고 해요. 사랑은 생존의 필수 조건이에요. 그러니 누구나 사랑을 원하지요. 부모로부터 받는 사랑은 더더욱 소중합니다. 거친 세상에 나가서 버티고 헤쳐나갈 수 있는 밑거름이지요. 무조건적 사랑, 아이의 존재 자체에 대한 사랑은 모든 문제의 치료제입니다. 안아주고, 쓰다듬어주고, 사랑한다고 말해주고, 아이가 좋아하는 음식을 만들어주고, 아이랑 즐겁게 웃고 놀아주세요. 아이가 태어나 내 손에 안겼을 때 느꼈던 감격을 아이에게 들려주세요. 너는 아무리 잘못해도, 어떤 짓을 하더라도 사랑받을 가치가 있는 소중한 존재라고 말해주세요. 아이의 행복과 건강을 얼마나 절절히 바라는지 알려주세요. 아이가 의자에 부딪혀서 화가 나 의자를 때릴 때는 "감정 조절 잘해야지, 왜 그래?"라고 훈계하지 말고 "아팠겠다. 짜증 나지?"라고 공감해주세요.

그리고 아이의 문제 행동에 대해서는 반드시 개입하세요. 아이가 위험하거나 폭력적인 행동을 했을 때는 반드시 개입하되, 강압적이지 않게 하세요. '너의 성장에 도움이 되고 싶어'라는 의도를 기억하면서 하세요. 혼내기(넌 대체 왜 그러니?), 벌주기(친구 때렸으니까 게임 못 해), 협박하기(한 번만 더 그러면 진짜 혼날 줄 알아) 등은 그 순간의 행동교정은 될지 모르지만 결국 효과가 전혀 없습니다. 오히려 관계를 잃을 것입니다.

아이를 존중하면서 아이의 행동 변화에 좋은 영향을 주는 방법을 몇 가지 제시해드릴게요.

1. 질문하기

- 아까 맞은 친구 마음은 어떨까?
- 친구가 네 뜻과 다르게 할 때는 어떻게 하는 게 좋을까?
- 친구가 속상할 텐데 어떻게 해주면 좋을까?

2. 마음 나누기

- 엄마는 네가 학교생활 힘들어질까 봐 걱정돼.

- 네가 여러 번 한 약속을 안 지키니까, 엄마는 이제 어떻게 해야 할지 모르겠어.

3. 선택권 주기

- 다음에 또 친구를 때리면 어떤 벌을 받을지 네가 선택해. 게임 한 번 안 하기랑 용돈 한 번 안 받기 중 어떤 걸 택할래?

4. 제안하기

- 친구가 마음에 안 들게 행동할 때는 말로 부탁해보자.
- 친구랑 의견이 부딪힐 때는 잠시 자리를 피하는 게 어때?

5. 훈련시키기

- 친구가 네 물건을 뺏어갈 때는 때리는 게 아니라 "돌려줘"라고 말하는 거야. 자 한번 말해보자.

H님, 새 학기를 앞두고 스트레스를 받고 있는 아이를 보고 있자니 마음이 많이 무거우시죠? 아이가 또 문제를 일으킬까 봐 초조하고, 올해 학교생활이 시작부터 틀어질까 봐 걱정되시죠? 그런 마음 때문에 아이의 문제를 해결하는 게 더 시급하게 느껴질 거예요. 하지만 아이는 지금 자기 나름대로 최선을 다하고 있답니

다. 어릴 적부터 예민한 아이라고 하셨지요? 아이에게 새 교실은, 그리고 선생님과 낯선 친구들은 이해하기도 처리하기도 힘든 극도의 스트레스일 거예요. 그런 상황일수록 부모가 "오늘도 고생했어. 힘들었지?"라고 따뜻하게 품어주고 "앞으로 더 잘할 수 있을 거야"라고 격려해주는 것이 아이의 정서적 안정에 도움이 됩니다. 그리고 학교 다녀와서는 낯선 공간에서의 활동이나 대그룹 활동을 자제하고, 혼자 또는 소그룹에서 차분하고 친밀한 시간을 가질 수 있도록 배려해주세요.

그리고 부디 H님 자신도 잘 돌봐주세요. 잘 먹고, 잘 자고, 최소한이라도 몸과 마음의 휴식을 챙기세요. 남편분에게도 협조를 요청하세요. 아이에게 사랑이 필요해서 그렇다는 걸 알려주세요. 그리고 마음이 어지럽고 힘들 때 의지할 사람을 찾으세요. 속마음을 털어놓고 무조건적으로 지지해줄 '단 한 사람'이 필요합니다.

지금은 조급함이 최고의 적입니다. 조급해질 때마다 심호흡 깊게 하시고 "다 잘될 거야"라고 자신에게 말해주세요. 정말로 그렇습니다. 결국엔 잘될 것입니다.

여섯 살 아이의 분리불안 때문에 힘들어요

➡ 불안은 없애려고 할수록 더 커져요

지금은 아이가 여섯 살이 됐어요. 아이가 36개월이 되기 전, 이야기가 전혀 안 통하던 시절에는 정말 화를 많이 냈었어요. 옷 입히는 것, 양치시키는 것, 먹이는 것 모두 전쟁이었거든요. 밖에 나가 사람 만나기도 힘들었고요. 워낙 고집을 부려 매일매일 아이를 윽박지르고 움직이지 못하게 꽉 안고 있기도 하고…. 그런 나날들이 지나고 36개월을 넘어서니 아이는 그때부터는 반항하지 않고 제 눈치를 보기 시작했던 것 같아요.

그리고 다섯 살 때부터 유치원을 보내기 시작했는데 분리불안을 보이고 있어요. 아침마다 가기 싫다고 우는데…, 유치원 가서는 잘 생활한다고 선생님께서 말씀하시지만 아침에 엄마랑 떨어지는 걸 너무나 힘들어합니다. 이제 1년 다녔는데, 겨울방학 전까지 석 달 정도는 잘 다닌다 싶더니 개학하고는 또 저랑 떨어지는 걸 어려워해요.

순간순간 짜증이 날 때나 화가 날 때 아이가 위축되는 걸 보면 많이 참으려 하고 전처럼 윽박지르진 않지만 아이의 모습을 보면 가슴이 아픕니다. 이제라도 아이가 상처받지 않게 화내는 방법을 배우고 싶어요. – S

S님, 사연 잘 받았습니다. 깊은 후회, 그리고 변화에 대한 절실함이 느껴집니다. 부모 교육 강의를 다니다 보면 가끔 '아이 어릴 때 왜 그렇게밖에 못했을까?'라며 후회하는 50~60대 부모님들을 만날 때가 있는데요. 후회와 죄책감이 큰 만큼 절실함도 커서 달라지기 위해서 최선을 다하는 모습들이었습니다. 후회가 '변화'의 원동력이 된 것이지요.

이제 S님은 엄마로서 여섯 살이네요. 아직은 육아 초보인 셈이지요. 앞으로 육아할 날이 훨씬 많이 남아 있습니다. S님의 후회가 큰 만큼, 앞으로 달라질 폭도 클 거라는 생각이 듭니다. 이번 기회를 변화의 계기로 삼으신다면, 남은 육아를 훨씬 더 편안하고 안정적으로 해내실 수 있을 것입니다.

보통 분리불안은 생후 7~8개월에 시작돼서 만 3세까지 지속됩니다. 그 기간에 불안이 잘 다루어지는 경험을 하면 세 돌 이후면 보통 사라져요. 3세가 지났는데도 분리불안을 보인다면, 아이의 정서적 안정을 무엇보다 중요하게 다루어야 한다는 뜻입니다.

엄마랑 떨어지는 걸 너무나 힘들어한다고 하셨지요? 현재 아이가 가장 애착을 느끼는 대상이 엄마여서 그렇습니다. 그나마 엄마에게라도 달라붙는 것이 다행이라고 해야 할 것입니다. 아무에게도 정서적 안정을 느끼지 못하는 아이는 힘든 것을 표현하지 않고 속으로 삭일 테니까요. 그런 경우 겉으로는 문제가 없어 보이지만 나중에 더 큰 화로 돌아올 수 있어요.

또한 유치원 가서 잘 생활한다고 하니 그것도 다행입니다. 부모 입장에서야 '가서 잘 지낼 거면서 왜 저렇게 힘들어해?'라고 생각할 수도 있지만, 아이는 아는 겁니다. 엄마랑 떨어져 있는 동안은 어차피 다른 대안이 없다는 것을요. 자기 나름대로 힘든 상황에 대처하고 있는 것이니 그 부분에 대해서 아이에게 손뼉을 쳐주고 싶습니다.

무엇보다 분명한 것은 지금 아이가 불안을 느낀다는 것입니다. 특히 아침에 엄마랑 헤어질 때 강하게 느끼고 표현합니다. 이때 부모가 원하는 것은 당연히 아이가 불안을 누그러뜨리고 제시간에 유치원에 가는 것이지요. 그래서 불안감을 없애고 유치원에 보내기 위해 다양한 시도를 합니다. 보통 이렇게 말하지요.

- 엄마 금방 만날 수 있어. 잠깐만 떨어져 있으면 돼.
- 갔다 와서 엄마랑 또 재밌게 놀자.
- 저번에 유치원 잘 가겠다고 약속했잖아. 왜 또 그래?

- 그렇게 운다고 해서 유치원 안 가는 거 아니야. 울음 뚝!

- 떼써도 소용없어. 유치원은 가야 해.

- 뭐가 그렇게 무섭다고 그래. 유치원에 가면 친구들도 많고 장난감도 많잖아.

이 말들에도 아이가 순순히 따르지 않으면, 부모의 행동이 조금 거칠어지기도 합니다. 눈을 매섭게 뜨거나 억지로 옷을 입히거나 아이가 좋아하는 무언가를 박탈하겠다고 으름장을 놓기도 합니다. 문제(아이가 울면서 유치원에 안 가려는 행동)를 해결하려는 좋은 의도로 하는 말과 행동들이지만, 별 도움이 되지 않는다는 걸 지금쯤은 알고 계실지도 모르겠습니다.

불안감(을 포함해서 모든 부정적 감정)을 없애려고 하는 행위는 결코 불안감을 없애지 못합니다. 강의 중에 "사과를 생각하지 마세요"라고 종종 주문하는데요. 생각하지 않으려고 해도 이미 '사과'라는 단어를 듣는 순간 사과가 생각납니다. "레몬을 생각하지 마세요"라는 말을 듣는다면 이미 노란 레몬이 머릿속에 떠오르면서 입에 침까지 고입니다. 프로이트의 말대로 우리의 무의식은 부정을 감지하지 못하며, 생각이나 감정이나 몸의 생리적 반응은 '노력'으로 조절할 수 있는 것이 아닙니다.

"불안은 받아들일수록 줄어들며, 받아들이지 않을수록 커진다."

하버드 의과대학 심리학 임상지도자인 크리스토퍼 K. 거머 Christopher K.Germer의 말이에요. 즉 불안감은 '없애는 것'이 아니라 '없어지는 것'입니다. "불안해하지 마"라고 말해준다 해도 불안에서 벗어나는 데 별로 도움이 되지 않는다는 뜻이지요. 아마 이런 경험 있으실 거예요. 뭔가를 걱정하고 있을 때 친구가 "너무 걱정하지 마"라고 하면, '누군 걱정하고 싶어서 하는 건가, 그냥 걱정이 되는 거지'라고 생각했던 경험. 그렇지요. 우리 모두는 편안한 감정을 느끼며 살고 싶어 합니다. 그러나 원치 않는 감정은 불쑥불쑥 찾아옵니다. 원하는 것(욕구, 필요, 가치 등)이 충족되지 않기 때문에 그렇습니다. 그 감정을 안 느끼려고 노력할 게 아니라 욕구를 채워주면 되는 거지요.

그렇다면 어떻게 해야 아이가 마음의 안정을 얻고 유치원에 갈 마음을 먹게 할 수 있을까요? 가장 중요한 것이 아이의 불안을 수용하는 것입니다.

아이가 불안함을 표현할 때 "불안해하지 마", "그래도 유치원은 가야지"와 같이 감정을 부정하거나 바른 행동을 강조하는 말은 하지 마세요. 무엇보다 먼저, 그리고 가장 많이 "엄마랑 떨어질 생각을 하니까 많이 불안하지?"라고 말해주세요. 그 외에도 아이의 감정과 욕구를 수용하는 말들로는 다음과 같은 것들이 있습니다.

- 친구랑 노는 게 재미있긴 해도, 엄마랑 같이 있고 싶어서 그러는구나.

- 얼마나 불안하면 이렇게 떼를 쓸까. 진짜 많이 불안한가 보다.

- 엄마도 어릴 적에 그렇게 불안했던 적이 있었어.

- 엄마랑 헤어질 때 특히 너무 싫은 거구나. 엄마가 안 올까 봐 걱정돼?

- 엄마가 얼마나 좋으면 이렇게 엄마한테 붙어 있고 싶어 할까.

- 혹시 다른 힘든 점이 있니? 엄마한테 말해볼래?

- 엄마랑 같이 놀고 싶어서 그래?

욕구를 인정해주면 진짜 안 간다고 할까 봐 걱정이 되실 수도 있습니다. 그러나 그렇지 않습니다. 아이의 말에 귀 기울인 만큼, 아이도 엄마의 말에 귀 기울일 것입니다. 아이는 '엄마가 내 마음을 알아주는구나' 싶어서 조금씩 안정을 찾아갈 것입니다. 만약 이런 말을 한 번도 들어본 적이 없는 아이라면, 처음에는 더 떼를 부릴 수도 있습니다. 엄마가 받아주니까 더 표현하는 거죠. 그럴 때 '엄마가 만만해서 이러는 거 아냐?', '애가 버릇없어지면 어쩌지?'라는 생각이 들더라도 한껏 받아줘 보세요. 아이는 엄마에 대한 정서적 연결을 느낄 것입니다.

아이의 감정 수용 그릇은 아직 종지만 합니다. 그 그릇을 키워주는 방법은 아이가 가진 감정에 대해서 '무조건적 존중'을 해주는 것입니다. 심지어 아이가 화나 짜증을 낼 때도, 슬퍼서 울 때도, '감정'에 대해서는 존중해주세요. 그리고 감정 이면의 욕구를 함께 찾아봐 주세요. 감정과 욕구를 공감받은 아이는 스스로 떼와 울음을 멈춥니다.

물론 감정 수용이 다는 아닙니다. 우리에겐 아직 '유치원 가도록 하기'가 남아 있지요. '그럴 수 있다'라고 감정을 받아주기만 해서는 아이가 자기조절력을 갖지 못합니다. 감정대로 행동하는 '버릇없는 아이', '제멋대로 하는 아이'로 자랄 수 있지요. 그래서 바람직한 행동으로 이끄는 단계가 반드시 뒤따라야 합니다.

상대가 바람직한 행동을 하도록 하는 방법에는 여러 가지가 있습니다. 강요, 협박, 공갈, 죄책감과 수치심 주기, 체벌 등도 있지만 이 방법들에는 모두 부작용이 따릅니다. 아이의 신체적 · 정신적 힘이 더 커지는 순간 부모의 말이 효과를 잃게 될 것이며, 무엇보다 아이-부모 관계가 점점 안 좋아집니다. 칭찬스티커나 장난감 등의 보상을 주는 방식도 많이 쓰는데요. 이 역시 보상이 점점 커져야 한다는 함정이 있으며, 아이의 내적 동기를 키우는 데 방해가 되니 꼭 필요한 경우에만 써야 합니다.

부작용 없이 상대를 내 뜻대로 이끄는 유일한 방법은 상대가 '그 행동을 좋아하게 하는 것'입니다. 아이 입장에서 유치원에 가는 것을 좋아하게 하는 것이지요. 아이 마음에 변화를 촉진하는 방법들입니다.

1. 유치원의 좋은 점에 대해 대화 나누기

유치원에 가는 게 싫다고 해도 유치원이 전적으로 싫은 건 아닙니다. 좋은 점도 분명히 있지요. 문제에 대한 대화는 문제를, 해결책에 대한 대화는 해결책을 찾게 한다는 말이 있습니다. 아이가 조금이라도 좋아할 만한 점을 적극적으로 질문하면 아이는 대답하면서 스스로 설득될 것입니다.

- 선생님이 오늘 ○○가 잘 놀았다고 하던데 뭐가 제일 재미있었어?
- 친구 누가 제일 좋아?
- 오늘 맛있는 반찬 뭐 나왔어?
- 오늘 특별활동에서 오카리나 불기 했다면서? 좋았겠다!
- 내일은 ○○가 좋아하는 어묵 반찬 나온대. 와 신나겠다!

2. 유치원 가는 것에 대해 인정해주기

아이가 잘했을 때만, 기준을 만족시켰을 때만, 남보다 뛰어났을 때만 인정하려고 하면 할 게 없지요. 인정은 아이가 가진 가능성의 씨앗을 비춰주는 행위이고, 아이의 발전을 축하하는 말이며, 아이의 더 나은 미래를 격려하는 말입니다. 다음과 같이 인정해준다면 아이가 얼마나 뿌듯해할까요?

- 엄마 많이 보고 싶었을 텐데 오늘도 잘 다녀왔네. 정말 잘했어.

- 어제는 15분 울었는데 오늘은 10분만 울었네. 더 씩씩해졌네!

- 불안해도 가기로 마음먹었구나. 엄마는 네가 참 자랑스러워.

- ○○가 오늘 유치원에서 매우 의젓하게 행동했다고 선생님께서 말씀하시던데, 엄마 그 얘기 듣고 기분이 엄청나게 좋았어.

- 일주일 전보다 덜 울고 유치원 가는 거 보니까, 한 달 뒤쯤에는 더 형님답게 가겠네.

3. 좋아하는 친구와 엮어주기

아이들은 친구나 선생님이 좋을 때 유치원에 가고 싶은 마음이 커집니다. 좋아하는 친구나 잘 맞을 것 같은 친구가 있다면, 같이 키즈카페를 가거나 공원 나들이를 가보세요. 외향적(자기표현을 잘하고 사교적인 편)이라면 이 방법이 특히 잘 통할 거예요. 아이가 내향적(수줍음을 많이 타고 친해지는 데 시간이 걸리는 편)이라면 한 명 정도와 한두 시간 노는 것부터 시작해서 인원이나 시간을 조금씩 늘려가는 게 좋습니다.

4. 아이와 함께 있을 때 시간의 '질' 높이기

아이가 유치원에서 돌아오면 우선 최소 10분 정도는 아이 눈을 보고 스킨십을 하면서 도란도란 이야기를 나눠보세요. "엄마도 네가 보고 싶었어", "갔다 오니까 어때?" 이런 이야기도 나누시고요. 장보기, 설거지하기, 인터넷 쇼핑, 갑작스러운 전화 등은 잠시 미뤄두고 아이랑 만난 후 한 시간 정도는 아이에게 우선순위를 두세요. 아이가 하고 싶어 하는 놀이, 아이가 읽고 싶어 하는 책, 아이가 가고 싶어 하는 곳에 대한 이야기에 귀 기울여서 반영해주는 거죠. 그럼 아이는 떨어져 있었던 만큼 엄마와 단단한 애착을 다질 기회를 누릴 거예요.

어떤가요? 좀 도움이 됐나요? 드린 조언 중에서 현실에 맞는, 자신과 아이에게 맞는 방법만 채택해서 적용해보시기 바랍니다. 글을 읽다가 더 좋은 아이디어가 떠오르면 금상첨화고요.

아이가 세 돌이 될 때까지 많이 혼냈다고 하셨죠? 무슨 이유로 그러셨는지 알진 못하지만, 그때 퍼부었던 화가 아이에게 남긴 상처가 있겠지요. 그 상처가 아물 때까지 연고를 잘 발라주세요. 가능하다면 사과도 하시고요. 아이의 신뢰를, 아이의 자존감을 다시 세우는 데 최선을 다해보세요. 물론 다음에도 회복할 기회는 얼마든지 있겠지만, 점점 더 오랜 시간이 걸릴 거예요. 초등학교 입학하고 나면 '공부' 스트레스가 또 얹어질 테니, 그 전에 무엇보다도 관계를 돈독히 해두시기 바랍니다.

지금 이 순간의 선택이 내일을 바꿉니다

　미국 인디애나주에 사는 스물다섯 살의 사라 커민스Sarah Cummins
는 결혼식을 일주일 앞두고 파혼을 통보받았습니다. 남자친구와
는 4년을 사귄 사이였는데, 그는 바로 잠적했어요. 얼마나 충격적
이었을까요? 하지만 충격에 빠져 있을 여유도 없었습니다. 100명
이 넘는 하객에게 직접 연락해 결혼식이 취소됐다는 사실을 알려
야 했고, 식장이며 신혼여행이며 취소 처리를 해야 했으니까요.
그 와중에 또 한 가지 충격이 더해졌습니다. 3,000만 원을 넘게 주
고 웨딩홀을 예약했는데 한 푼도 환불이 안 된다는 것이었습니다.
당신이라면 이런 상황에서 어떻게 하겠습니까?

　커민스는 모두가 놀랄 만한 선택을 합니다. 그 지역에 사는 노
숙자들을 초대해 파티를 연 거예요. 그녀는 170명의 노숙자에게
연어와 스테이크, 각종 전채요리와 디저트까지 포함된 만찬을 대

접했습니다. 그녀의 결정에 감동한 주변 단체들이 노숙자를 위해 정장과 드레스, 버스를 제공했고요. 길거리를 전전하던 그들에게 얼마나 호화로운 경험이었을까요?

커민스의 결단, 감동적이지 않은가요?

삶에서 고통스러운 일이 일어날 때, 우리는 흔히 '왜 나에게 이런 일이'라며 현실을 부정하고, '네가 감히 어떻게 나한테'라며 상대를 비난하고, '내가 도대체 왜 그랬을까'라며 자신을 비난하고, '내 인생은 끝났어'라며 비관합니다. 10의 고통을 100으로 만들고 1,000으로 만들죠. 그렇게 고통의 늪에서 허우적댑니다.

그러나 그 일은 이미 일어났습니다. 이미 일어난 일을 바꿀 수는 없어요. 상대를 비난하는 것은 잠시 후련할지는 몰라도 나의 상처를 회복시켜주지는 않습니다. 비난을 받은 그는 사과하지도, 해명하지도 않을 것입니다. 나를 비난하는 것은, 더욱 비극적이죠. 그냥 일어난 일인데, 나에게 무슨 죄가 있단 말인가요?

인생은 끝나지 않았습니다. 숨을 쉬고 호흡을 하는 한, 우리의 삶은 이어집니다. 그리고 지금 이 순간의 선택이 내일을 바꿉니다.

과거의 저는 외부의 권위에 순종하느라 감정을 입 밖에도 꺼내지 못하는 사람이었습니다. 고등학교 3학년 때 열등감 덩어리인

담임이 교복 목덜미 속으로 차가운 물을 부을 때 찍소리도 못 했고, 야근을 해도 계약직이라는 이유로 추가수당을 요구하지 못했고, 회사에서 팀장 자리에 앉혔다가 다시 평사원으로 돌아가라고 했을 때 우느라고 정당한 권리를 주장하지도 서로에게 유익한 협상을 하지도 못했습니다. 그렇게 밖에서 치이고 들어오면 애꿎은 가족에게 짜증을 부리고 무기력한 상태로 몇 날 며칠을 보냈습니다. 그러는 저 자신을 저는 정말 싫어했습니다.

코치로 살아온 지 11년째입니다. 이제 저는 적어도 제 마음을 늘 살필 수 있게 됐습니다. 필요할 때는 감정을 표현하는 것도 그리 어렵지 않습니다. 나보다 강한 사람에게 목소리를 내는 일도 늘어나고 있고, 아픈 경험들을 통해 관계 속에서 자신을 보호하는 법도 배웠으며, 감정이 무너질 때 살리는 방법도 조금씩 익혀가고 있습니다. 변화가 더뎌 답답할 때도 많았지만 그럼에도 힘이 닿는 한 좋은 선택을 하려고 노력했고, 그렇게 느린 변화들이 축적되어 지금에 이르렀습니다. 지금 저는 과거에 꿈꾸던 미래를 살고 있습니다.

그리고 그 지혜들을 아이와 많이 나눕니다. 아이는 신중하고 탐색적인 기질이어서 거침없고 솔직한 친구와의 관계에서 애를 먹곤 합니다. 그 어려움을 깊이 공감하면서, 저는 아이가 자신보다 크고 나이 든 사람 앞에서도 의견을 표현하도록 안내하고 있습니다.

앞으로 저는 여성들이, 아이들이 자기 존재대로 살도록 돕는 데 더 힘을 쏟고 싶습니다. 억눌려온 감정을 풀어내고, 사라진 목소리를 되찾고, 자기 자신의 행복의 울타리를 스스로 만들도록 힘을 쓰고 싶습니다. 이 책은 그 여정에서 탄생한 작은 디딤돌입니다. 부디 이 책으로 엄마들이 마음의 평화에 한 걸음 다가설 수 있기를 바랍니다.

부록

1. 감정 리스트

2. 욕구 리스트

1. 감정 리스트

다음은 일상에서 자주 느끼는 감정들을 모아둔 리스트입니다.

1) 화가 나는데 진짜 감정을 알기 어려울 때

2) 화내는 가족의 진짜 감정을 찾고 싶을 때

3) 하루 동안 자신의 감정이 어땠는지 돌아보고 싶을 때

4) 지금 느끼는 이 감정을 정확한 언어로 표현하고 싶을 때

다음 표에서 가장 알맞은 단어를 찾아보세요. 평상시 자기 감정을 알아차리는 게 익숙하지 않다면 냉장고나 수첩 등 눈에 잘 띄는 곳에 붙여두고 오며 가며 수시로 보기를 권합니다.

자신감	뿌듯한, 자신 있는, 확신하는, 자랑스러운, 당당한, 자부심을 느끼는
행복/만족	기분 좋은, 기쁜, 반가운, 행복한, 흐뭇한, 흥이 난, 유쾌한
편안함	긴장이 풀린, 안정된, 이완된, 차분해진, 충만한, 침착한, 느긋한, 담담한
재미/흥분	즐기는, 재미있는, 가슴이 벅찬, 기쁨에 넘치는, 설레는, 신나는, 황홀한

희망/활력	기대하는, 용기를 얻은, 자신감을 얻은, 낙관하는, 의욕이 넘치는, 고무된
사랑/감동	끌리는, 애틋한, 푸근한, 다정한, 가슴 뭉클한, 찡한, 신기한

두려움/공포 불안	애 타는, 무서운, 조마조마한, 소름끼치는, 굳어버린, 겁먹은, 조급한, 가슴이 두근거리는, 초조한
분노/미움	분한, 성난, 신경질 나는, 약 오른, 짜증 나는, 울화가 치미는, 거북한, 못마땅한, 불쾌한, 경멸스러운
수치심/ 죄책감	당혹스러운, 미안한, 민망한, 쑥스러운, 겸연쩍은, 창피한, 부끄러운
슬픔/무기력	기운 없는, 눈물 나는, 맥 빠진, 상심한, 서글픈, 희망이 없는, 우울한, 울적한, 의욕 없는, 절망하는, 주눅 든
외로움/ 단절감	공허한, 쓸쓸한, 그리운, 고독한, 고립된, 섭섭한, 거리감이 느껴지는, 마음이 닫힌, 시큰둥한, 심드렁한
피로감/ 지루함	녹초가 된, 소진된, 처지는, 피곤한, 졸린, 권태로운, 무료한, 심심한, 지루한
압박감	심란한, 고민되는, 답답한, 성가신, 부담스러운, 난감한, 거슬리는, 신경이 날카로운, 귀찮은, 예민해진
혼란/고통	개운치 않은, 마음이 안 놓이는, 마음이 어지러운, 불안정한, 산만한, 신경 쓰이는, 의아한, 가슴이 찢어지는, 비참한, 상처받은, 억울한, 괴로운, 원통한

* 마셜 B 로젠버그의《비폭력대화》와 김해곤의《참대화》를 참고하여 만들었습니다.

2. 욕구 리스트

다음은 모든 인간이 보편적으로 가지고 있는 욕구들의 리스트입니다.

1) 자신이 원하는 것이 무엇인지 명료하게 알고 싶을 때

2) 내 감정의 이유를 알고 싶을 때

3) 상대방이 화낼 때, 무슨 욕구를 채우고 싶어서 그러는지 이해하고 싶을 때

4) 갈등 상황에서 두 사람의 채워지지 않은 욕구를 찾고 싶을 때

이럴 때 욕구 리스트를 참고해보세요. 자신의 욕구를 명확히 알고 채우려고 스스로 노력할 때, 우리는 보다 만족스럽고 행복한 삶을 누릴 수 있습니다.

생존의 욕구 (몸과 마음의 안전과 관련)	음식, 주거, 휴식, 수면, 신체적 접촉, 성적 표현, 성욕, 정서적 안전, 신체적 안전, 경제적 안전, 돌봄과 보호를 받음, 자유로운 움직임, 건강, 따뜻함과 부드러움

사랑의 욕구 (소속 및 상호의존과 관련)	친밀한 관계, 연결, 유대, 대화, 소통, 배려, 존중, 공감, 나를 알아주길 바람, 타인을 알고 싶음, 기여, 봉사, 지지, 협력, 도움, 감사, 이해, 사랑, 관심, 우정, 신뢰, 예측 가능성, 일관성, 공동체, 공유
힘의 욕구 (성취 및 인정과 관련)	평등, 자신감, 존재감, 능력, 인정, 자기표현, 중요하게 여겨짐, 존중, 목적-목표 갖기, 효율성, 숙달, 역량, 전문성, 도전, 성취, 생산
자유의 욕구 (자율성 및 선택과 관련)	선택, 독립, 해방, 자기만의 공간과 시간, 통제가능성, 자발성, 자기조절, 자기통제, 주도성, 주관을 가짐, 자기다움
즐거움의 욕구 (놀이 및 배움과 관련)	재미, 놀이, 배움, 성장, 유머, 자극, 발견, 도전, 깨달음

* 윌리엄 글래서(William Glasser)의 욕구 이론을 참고하여 만들었습니다.

화내고 후회하는 엄마들을 위한 치유의 심리학

엄마의 화코칭

초판 1쇄 발행 2018년 12월 11일
초판 4쇄 발행 2024년 10월 15일

지은이 김지혜
펴낸이 민혜영 ㅣ **펴낸곳** (주)카시오페아
주소 서울특별시 마포구 월드컵로14길 56, 3~5층
전화 02-303-5580 ㅣ **팩스** 02-2179-8768
홈페이지 www.CASSIOPEIABOOK.com ㅣ **전자우편** editor@cassiopeiabook.com
출판등록 2012년 12월 27일 제2014-000277호
외주편집 공순례 ㅣ **표지 디자인** 별을 잡는 그물

ISBN 979-11-88674-42-8 03590